KB262938

1~100을 이용한

알고리즘의 이해(1)

-Visual Basic 6.0 편

김득수 著

21세기사

| 머리말 |

이 책은 프로그래밍 언어를 처음 공부하는 학생, 프로그램을 작성 하고자 하는 사람에게 프로그래밍의 기본이 되는 알고리즘 작성의 기초를 습득 할 수 있게 한다.

알고리즘의 이해라는 문제를 해결하기 위하여 비주얼 베이직의 최소한 명령을 사용하여 대부분의 결과가 1~100사이의 숫자가 출력되도록 하여 결과를 아는 상태에서 자신 있게 접근할 수 있도록 하였다. 예를 들어 (5, 3, 1, 4, 2)라는 데이터가 있는 경우 오름차순으로 정렬을 하면 (1, 2, 3, 4, 5)이며 이것을 해결하는 아이디어가 무엇일까? 하고 알고리즘에 접근할 수 있도록 하였다.

이 책은 데이터를 자기 자신의 요구에 맞게 정리 하고자 하는 공학계열의 학생, 정보처리에 관련된 기능사, 산업기사, 기사자격증의 실기시험 준비, 엑셀의 고급기능에 필요한 VBA를 준비, 단기직업교육, 산업체 현장교육 등에 활용 할 수 있다.

이 책은 14장으로 구성되어 있으며 한 학기 교재로 사용 할 수 있도록 하였다. 주당 2시간인 경우 1시간은 각 장의 이론적인 부분들을 이해하고 학생들은 순서도와 프로그램을 직접 그려보고 작성하는 시간, 1시간은 컴퓨터를 이용하여 직접 프로그램을 입력, 실행, 에러를 수정하는 시간으로 하며 연습문제는 과제물로 제출 할 수 있도록 하였다. 또한 단기간으로 공부하는 경우 1개월 수업이면 가능하다.

이 책의 각 장 구성은 다음과 같다. 1장에서는 알고리즘에 대한 일반적인 개념과 비주얼 베이직의 사용법, 2장에서 4장 까지는 프로그램의 3대 구성 요소인 순차구조, 선택구조, 순환구조를 설명하며 프로그램 작성의 최소 명령의 숙달 및 구조적 프로그램의 이해, 5장에서는 반복 처리를 하기 위한 중복 순환구조, 7장에서는 문자열에 대한 설명이며 프로그램이 고급화가 되면 문자열 처리가 필수가 된다.

7장 까지는 기초 내용이 되며 8, 9장은 알고리즘의 기본 내용들이 기술 되며 10장에서 12장은 일상생활에서도 많이 활용 할 수 있는 정렬방법, 자료를 찾기 위한 검색, 13장에서는 수치연산 함수 및 재귀함수, 14장에서는 자료를 보관하기 위한 순차 파일 처리로 구성되어 있다.

이 책은 알고리즘을 처음 공부하는 사람들이 본 책에 있는 알고리즘을 이해하고 직접 실행함으로써 사용한 기법들을 자연스럽게 익히게 하고 응용 할 수 있는 능력을 배양 하도록 하였다. 이 책을 공부한 후에는 이 책에서 사용한 기법보다 더 우수한 알고리즘을 개발하여 활용하기를 바란다.

이 책이 알고리즘을 이해하고자 하는 사람들에게 조금이나마 도움이 되었으면 하는 마음이다.

2011년 1월

학산 아래에서　저자 씀

| 차 례 |

CHAPTER 01 알고리즘 개요

1-1. 알고리즘과 순서도 ······ 13

1-2. 순서도의 기본 기호 ······ 14

1-3. 순서도의 기본 구조 ······ 16

1-4. 비주얼 베이직 6.0 사용법 ······ 20

1-5. 변수와 출력문 ······ 28

CHAPTER 02 순차구조

2-1. 비주얼 베이직 6.0 사용법 ······ 37

2-2. 산술연산자 ······ 40

2-3. 절대치(Abs) ······ 42

2-4. 정수(Int) ······ 44

2-5. 제곱근(Sqr) ······ 46

2-6. 나머지(Mod) ······ 48

2-7. 난수(Rnd) ······ 50

CHAPTER 03 선택구조

3-1. 관계 연산자와 논리 연산자 ······ 59

3-2. If ~ Then 문 ······ 62

3-3. If ~ Then ~ Else 문 ······ 64

3-4. 다중 If 문 ······ 66

3-5. Select Case 문 ······ 68

CHAPTER 04 순환구조

4-1. For ~ Next문 ·········· 77
4-2. Do ~ loop(while, until) ·········· 79
4-3. Exit문 ·········· 82
4-4. GoTo 문 ·········· 84
4-5. 두 수사이의 합, 갯수 구하기 ·········· 86
4-6. 두 수 중에서 큰 수, 작은 수 판별 ·········· 88
4-7. 2의 거듭 제곱표 ·········· 90

CHAPTER 05 중복 순환구조

5-1. 구구단 구하기 ·········· 99
5-2. 삼각형 모양 만들기 ·········· 101
5-3. 알파벳 출력하기 ·········· 103
5-4. 소수 ·········· 105
5-5. 약수 ·········· 107
5-6. 5! 계산하기 ·········· 109

CHAPTER 06 배열

6-1. 1차원 배열의 합과 평균 ·········· 117
6-2. 1차원 배열에 데이터 입력 ·········· 120
6-3. 2차원 배열 ·········· 122
6-4. 2차원 배열에 데이터 입력(행 우선) ·········· 125
6-5. 2차원 배열에 데이터 입력(열 우선) ·········· 127
6-6. 2차원 배열에 삼각형 모양으로 채우기 ·········· 129

CHAPTER 07 문자열 함수

7-1. 문자열 길이 명령 ··· 139
7-2. 부분 문자열 명령 ··· 141
7-3. 문자열 변환 명령 ··· 143
7-4. 대문자와 소문자 명령 ··· 145
7-5. 문자열 역순 ·· 147
7-6. 문자 변경 ··· 149
7-7. 문자열 분리 ·· 151

CHAPTER 08 기본 알고리즘(1)

8-1. 범위의 개수 구하기 ··· 159
8-2. 최대값과 최소값 ·· 161
8-3. 석차 ··· 163
8-4. 등차수열 ··· 165
8-5. 등비수열 ··· 167
8-6. 스위치 변수 ·· 169
8-7. 피보나치 수열 ·· 171

CHAPTER 09 기본 알고리즘(2)

9-1. 공배수 ··· 181
9-2. 최대공약수 ··· 183
9-3. 가장 가까운 수 ··· 186
9-4. 10진수를 2진수로 변환 ·· 188
9-5. 10진수를 16진수로 변환 ··· 191
9-6. 2진수를 10진수로 변환 ·· 194
9-7. 16진수를 10진수로 변환 ··· 196

CHAPTER 10 정렬 알고리즘(1)

10-1. 선택정렬(Selection Sort) ·· 205
10-2. 버블정렬(Bubble Sort) ·· 208
10-3. 삽입정렬(Insertion Sort) ·· 211

CHAPTER 11 정렬 알고리즘(2)

11-1. 병합정렬(Merge Sort) — (1) ·· 221
11-2. 병합정렬(Merge Sort) — (2) ·· 224
11-3. 퀵 정렬(Quick Sort) ·· 226

CHAPTER 12 검색 알고리즘

12-1. 순차검색(Sequential Search) ·· 237
12-2. 이분검색(Binary Search) ·· 239
12-3. 소문자 대문자 상호변환 ·· 241
12-4. 숫자의 빈도 ·· 243

CHAPTER 13 함수

13-1. 수치 연산 라이브러리 함수 ·· 251
13-2. 함수 ·· 254
13-3. 재귀 함수 ·· 256

CHAPTER 14. 순차 파일처리

14-1. 파일 처리 개요 ································ 265
14-2. 순차파일 쓰기 ································ 268
14-3. 순차 파일 읽기 ······························ 270
14-4. 순차파일 추가 ································ 272
14-5. 순차파일 병합 ································ 274
14-6. 순차파일 행으로 읽기 ························ 276

CHAPTER 부록

1. 아스키(ASCII) 코드 ···························· 285
2. 데이터 형식 ···································· 288
3. 1~100 숫자 ···································· 293
4. 수의 진법 ······································ 294
5. 참고문헌 ······································· 301

CHAPTER 01

알고리즘 개요

| CHAPTER 01 | 알고리즘 개요

학습목표

이 장에서는 알고리즘 전반에 관한 내용 및 비주얼 베이직 6.0 사용법에 관해 기술한다. 알고리즘의 정의와 순서도의 관계, 순서도의 기본기호, 프로그램의 기본구조를 학습한다.
순서도의 개념과 작성방법 및 프로그램의 기본 구조인 순서, 선택, 반복구조에 관하여 기술한다. 비주얼 베이직 6.0을 처음 사용하는 경우에도 이해 할 수 있도록, 실습위주로 프로그램이 소개되어 있다.

이 장의 구성

1-1. 알고리즘과 순서도
1-2. 순서도의 기본 기호
1-3. 순서도의 기본 구조
1-4. 비주얼 베이직 6.0 사용법
1-5. 변수와 출력문

알고리즘 개요

1-1 　알고리즘과 순서도

　프로그래밍은 어떤 문제를 효율적으로 처리하기 위한 체계적인 절차가 필요하며 문제를 해결하기 위해서는 다음과 같은 4단계를 거친다.

■ 1단계 : 문제분석

　처리해야 할 문제가 무엇인지를 명확히 정의, 분석한다.

■ 2단계 : 문제 해결 방안

　처리해야 할 문제를 해결하기 위한 여러 가지 방법을 비교, 분석하여 최선의 방법을 결정한다. 이 최선의 방법이 알고리즘(algorithm)이며 이를 표현 하는 방식 중에서 가장 많이 사용하는 것이 순서도(flow chart)이다.

■ 3단계 : 프로그램 작성 및 입력

　해당 문제를 처리하기 위하여 적합한 프로그래밍 언어를 선택하여 순서도를 참고 하며 프로그램을 작성하고 입력한다.

■ 4단계 : 실행 및 오류 수정

　프로그램을 실행하여 보면 문법적인 오류와 논리적인 오류가 발생 할 수 있다. 문법적인 오류는 컴파일러의 도움으로 일반적으로 정리가 되며 논리적인 오류는 프로그래머가 순서도를 다시 분석하면서 오류를 수정 할 수 있다.

순서도의 기호는 국제 표준화 기구(ISO : International Standard Organization)에서 정한 표준 기호를 사용한다. 순서도에서 많이 사용 되는 기본 기호와 의미는 표 1.1와 같다.

[표 1.1] 순서도 기호

기호	명칭	의미
	단말(terminal)	순서도의 시작과 끝을 표시
	준비(preparation)	초기변수, 배열선언 등의 준비단계 표시
	처리(process)	모든 처리 기능을 표시
	판단(decision)	비교, 판단 기능으로 선택 기능 표시
	입출력(input/output)	입출력 데이터 표시 기능
	흐름선(flow line)	순서도 기호의 연결, 처리의 흐름을 표시
	종속처리(predefined process)	미리 정의 된 서브루틴, 함수 표시
	연결자(connector)	흐름의 연결 표시
	주석(comment)	추가적인 설명 표시

참고

순서도 작성 방법

1. 국제 표준화 기구에서 정한 기호를 사용한다.

2. 기호와 기호 사이는 흐름선으로 연결한다.

3. 방향은 가능하면 위에서 아래로, 왼쪽에서 오른쪽 방향으로 표시한다.

4. 흐름선을 가능하면 교차 되지 않도록 한다.

5. 필요한 경우 기호 외부에 주석을 표시한다.

6. 전체적인 과정을 쉽고 명확하게 나타내고 처리 과정을 간단 명료하게 표시한다.

■ 순서도 작성의 실제

A, B 두 수를 입력하여 A, B 크기를 비교 하는 순서도 1.1을 살펴보자. 순서도의 시작과 끝을 표시하는 단말기호, A, B의 초기 변수를 정의 하는 준비기호, A, B의 입력과 결과를 출력하는 입출력 기호, A, B를 크기를 판단하는 판단기호로 구성되어 위에서 아래로 흐름을 알 수 있다.

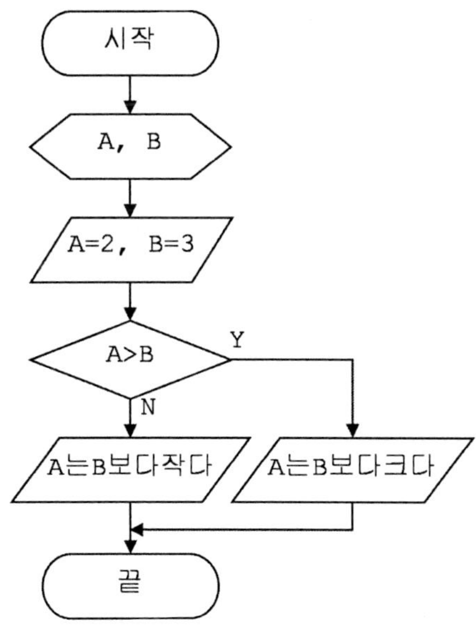

[순서도 1.1] 숫자 크기 비교

　　일반적으로 프로그래밍을 이용하여 문제를 해결하기 위해서는 3가지 논리가 필요하며 이 3가지 논리는 순서논리, 선택논리, 반복논리이며 프로그래밍 한다는 것은 이 3가지 논리를 이용하여 문제를 해결 할 수 있다는 것을 의미한다.

1. 순서구조

　　순서구조는 프로그램이 실행 될 때 순차적으로 실행된다는 의미이다.

　　예를 들어 2개 숫자의 합과 평균을 구하여 보자.

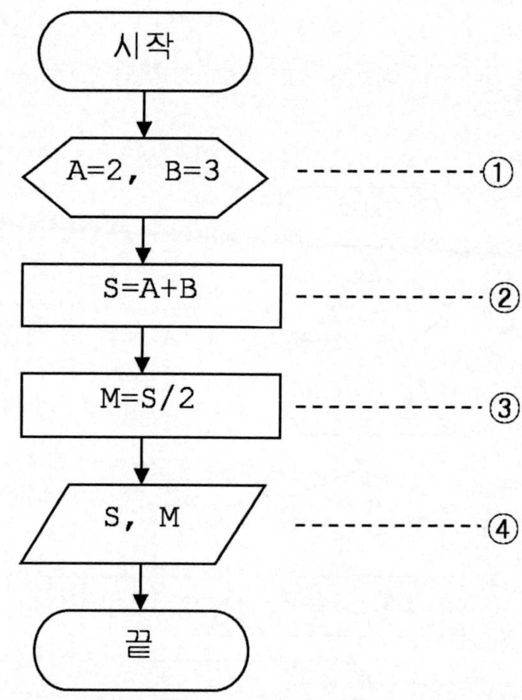

[순서도 1.2] 2개 숫자의 합과 평균

순서도 1.2는 순서구조의 예가 된다. ①에서 데이터를 초기화 하고 ②에서 합을 구하며 ③에서 평균을 구하고 ④에서 합과 평균을 출력한다. 이 4개 처리의 순서가 바뀌는 경우에는 원하는 결과를 얻을 수 없으며 전혀 예측하지 못한 결과가 출력되어 에러가 된다. 순서에 따라 실행되는 것을 순서 구조라 한다.

2. 선택구조

선택구조는 조건의 결과에 따라 처리해야 할 일이 다른 경우를 의미한다. 예를 들어 입력된 수가 짝수인지 홀수인지를 판단하여 짝수이면 "짝수", 홀수이면 "홀수"를 출력하여 보자.

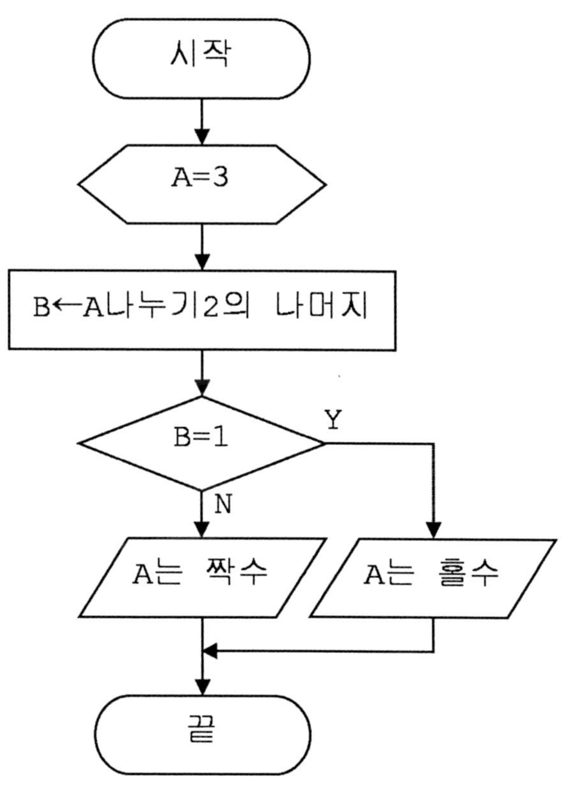

[순서도 1.3] 짝수 · 홀수를 판단

순서도 1.3은 선택 논리의 예가 된다. 짝수, 홀수의 판단은 어떤 수를 나누기 2 하여 나머지가 1이면 홀수, 나머지가 0이면 짝수이며 짝수, 홀수가 구분되지 않는 숫자는 없으므로 명확하다. 만약 B=1이면 "A는 홀수"가 선택 되고 B=0이면 "A는 짝수"가 선택되어 출력이 된다. 이와 같이 프로그램에서 선택하며 결정하는 것을 선택구조라 한다.

3. 반복구조

반복구조는 어떤 조건을 만족하는 동안 같은 처리를 반복하여 실행하는 구조이다.

예를 들어 1~5 까지의 합을 구하여 보자
1~5까지 변하는 수는 i 변수에 합은 s 변수로 사용하자

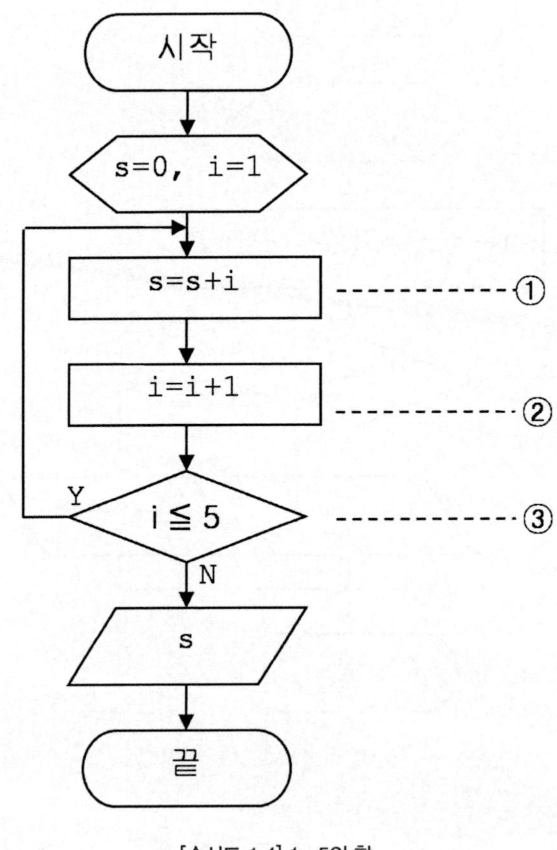

[순서도 1.4] 1~5의 합

순서도 1.4에서 반복되는 부분은 ①, ②이며 조건③을 만족하면 반복하며 이 조건을 잘못 설정하면 (예를 들어 i>0) 무한 반복할 것이다. 조건 ③에서 i≤5 이므로 i=1, 2, 3, 4, 5까지 조건을 만족 하므로 ①, ②가 5번 반복이 되며 i=6이 되면 합 s가 출력된다. 이와 같이 어떤 조건을 만족 하는 동안 같은 처리를 반복하는 것을 반복구조라 한다.

프로그램을 작성하는 경우 순차구조, 선택구조, 반복구조를 적절하게 활용하여 문제를 해결하는 최선의 방법에 해당하는 알고리즘을 찾고 순서도를 작성하면 된다.

비주얼 베이직 6.0을 이용하여 이 책에 있는 프로그램을 실행하기 위한 최소기능을 살펴보자. 비주얼 베이직을 잘 알기 위해서는 별도의 비주얼 베이직에 관련된 책으로 공부를 해야 하지만 이 책에 있는 프로그램을 실행하기 위해서는 본 절에 있는 내용만 이해하고 실행하여 보면 가능하다.

비주얼 베이직을 실행하기 위해서는 다음 과정이 필요하다.

1. 비주얼 베이직의 창에서 command 버튼 더블 클릭하기
2. 폼 화면에서 command1 버튼의 이동
3. 폼 화면에서 command1 버튼의 더블클릭
4. 프로그램(코드) 입력
5. 프로그램 실행
6. 프로그램 저장
7. 프로그램 실행 종료

1. 비주얼 베이직의 창에서 command 버튼 더블 클릭하기.

비주얼 베이직을 실행시키면 그림 1.1 화면을 볼 수 있다. 여기서 왼쪽의 풍선 도움말 'Command Button'이 있는 부분이 Command 버튼이며 이 command 버튼을 더블 클릭하면 From1에 'Command1' 이 생성된다. 그림 1.2의 From1 창에command1 버튼이 나타나면 된다.

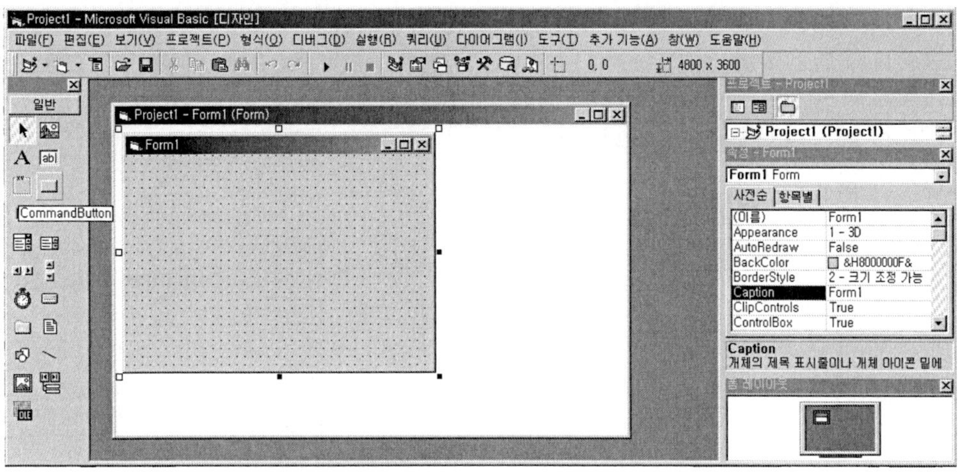

[그림 1.1] 비주얼 베이직 초기 화면과 'Command Button'

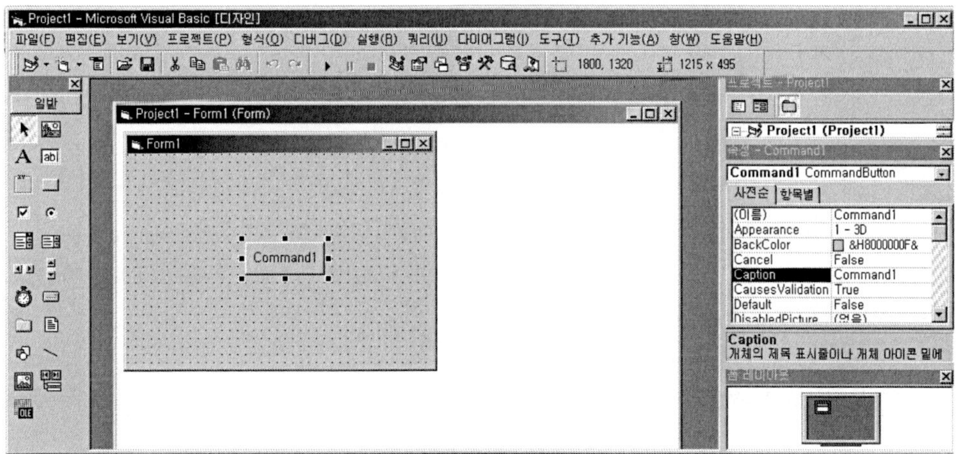

[그림 1.2] Form1의 Command1

2. 폼 화면에서 command1 버턴의 이동

마우스를 폼 화면으로 이동하여 command1 버턴 위에서 왼쪽 마우스를 누른 상태에서 이동이 가능하며 그림 1.3의 위치에 이동하자. 이 책의 프로그램을 실행 시키면 출력할 공간을 확보하기 위함이다.

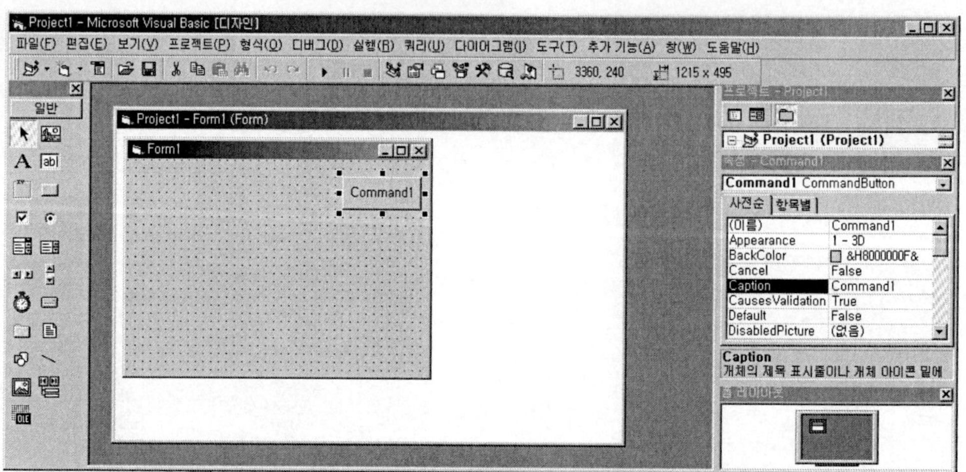

[그림 1.3] 폼에서 Command1 버튼 이동

3. 폼 화면에서 command1 버턴의 더블클릭

폼 화면에서 command1 버턴을 더블클릭 하면 그림 1.4의 프로그램을 입력할 수 있는 코드 편집기창이 나타난다. 이 코드 편집기창의 첫 문장은 "Private Sub Command1_click"이고 다음 문장은 "End Sub" 이며 이 내용은 자동 생성이 되며 이 중간 영역이 프로그램을 입력 할 수 있는 공간이 된다.

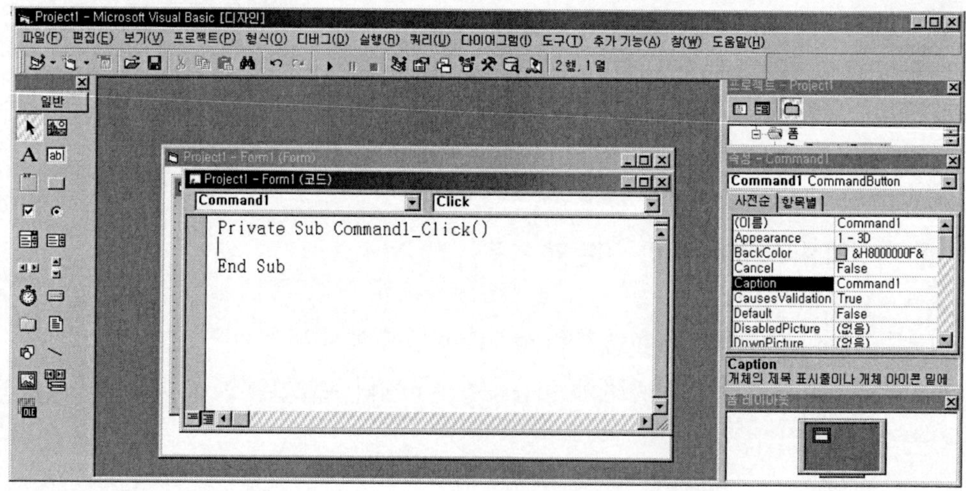

[그림 1.4] 코드 편집기창

4. 프로그램(코드) 입력

코드 편집기창에 그림 1.5와 같이 print 3 을 입력하자. print 3을 입력하는 경우 스페이스바를 사용하지 말고 탭키를 한번 사용하면 5째 칸으로 이동된다. print 3을 입력하고 Enter키를 누르면 print의 소문자 p는 대문자 P로 자동 변경이 되며 명령어인 경우 소문자를 입력하여도 대문자로 자동 변경되므로 프로그램을 입력할 때 소문자만 입력하여도 되므로 입력이 편리하다.

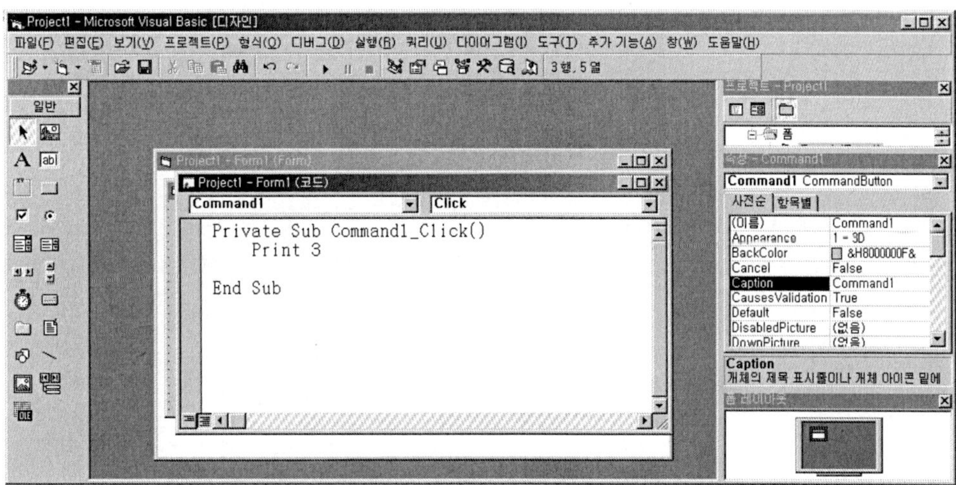

[그림 1.5] 코드 편집기창에 프로그램 입력

5. 프로그램 실행

입력한 프로그램을 실행하여 보자. 그림 1.6에서 보면 메뉴바 다음 줄인 도구모음에 있는 '▶' 은 풍선 도움말이 '시작'이다. 이 시작버턴(▶) 을 클릭하면 그림 1.7의 폼 화면이 나타나고 이때 command1 버턴을 한 번 클릭하면 실행 결과가 폼 화면에 출력되어 있는 것을 확인 할 수 있다.

비주얼 베이직에서 처음 실행한 프로그램이 되고 실행 결과는 폼 화면에 "3"을 출력하는 것이 된다.

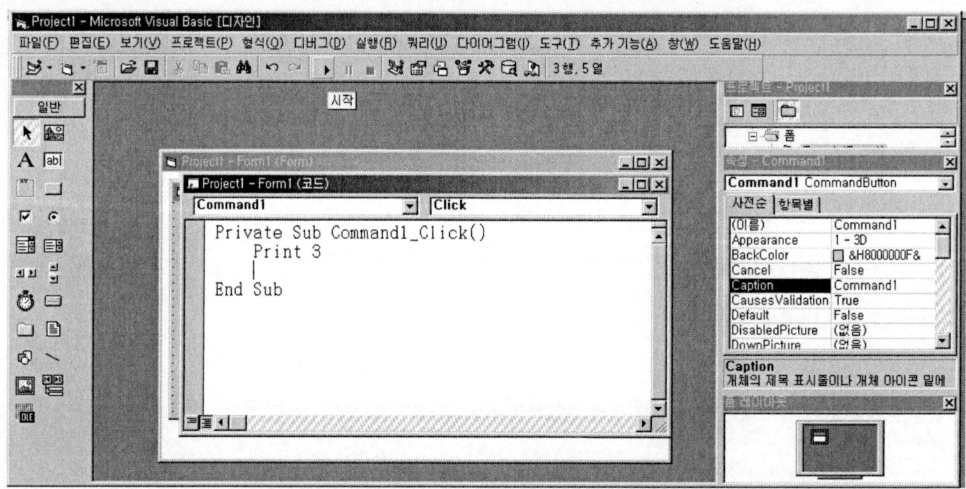

[그림 1.6] 프로그램 실행의 '시작' 버턴

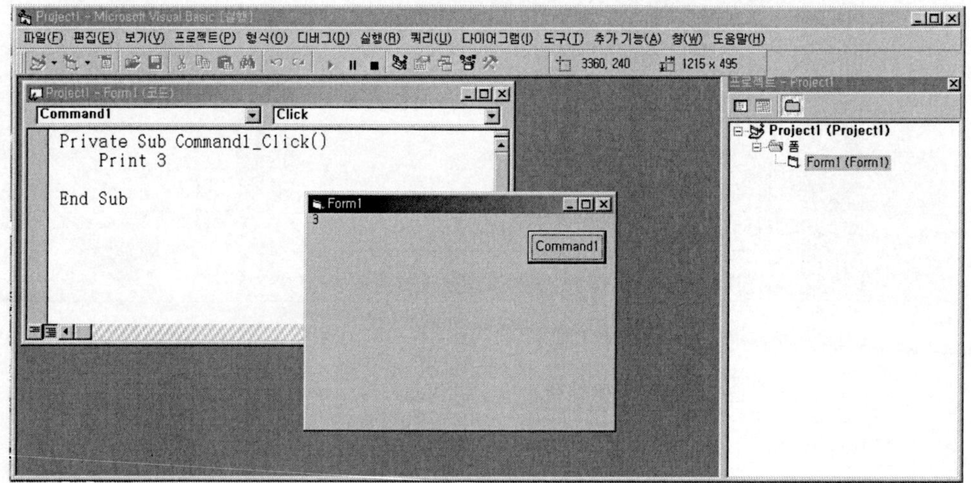

[그림 1.7] '시작' 버턴으로 프로그램 실행 결과

6. 프로그램 저장

입력한 프로그램을 실행한 뒤 프로그램을 저장하여 보자. 그림 1.8에서 보면 메뉴바 다음 줄에 풍선 도움말 "프로젝트 저장"이 있다.

비주얼 베이직에서는 해당 폼과 프로그램으로 구성됨으로 해당 폼과 프로그램을 저장해야 함으로 2번 저장 하여야 한다. 먼저 폼을 그림 1.9의 'p01-1'로 저장하고 프로그램(프

로젝트)도 그림 1.10의 'p01-1' 로 저장하자. 저장한 뒤 그림1.11의 프로젝트 탐색기창에
보면 프로젝트와 폼이 동일하게 'p01-1'로 변경되어 있음을 알 수 있다. 여기서 01은 첫
번째 장을 의미한다.

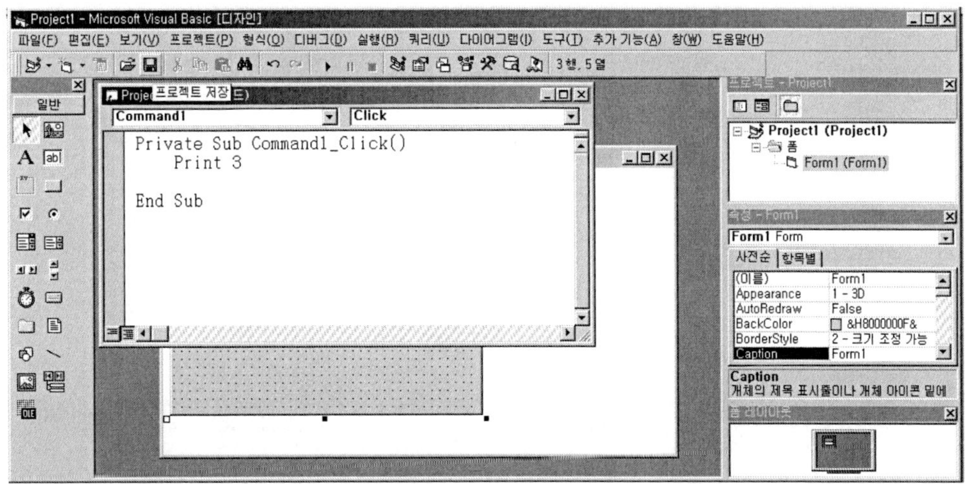

[그림 1.8] 프로그램 저장의 '프로젝트 저장' 버튼

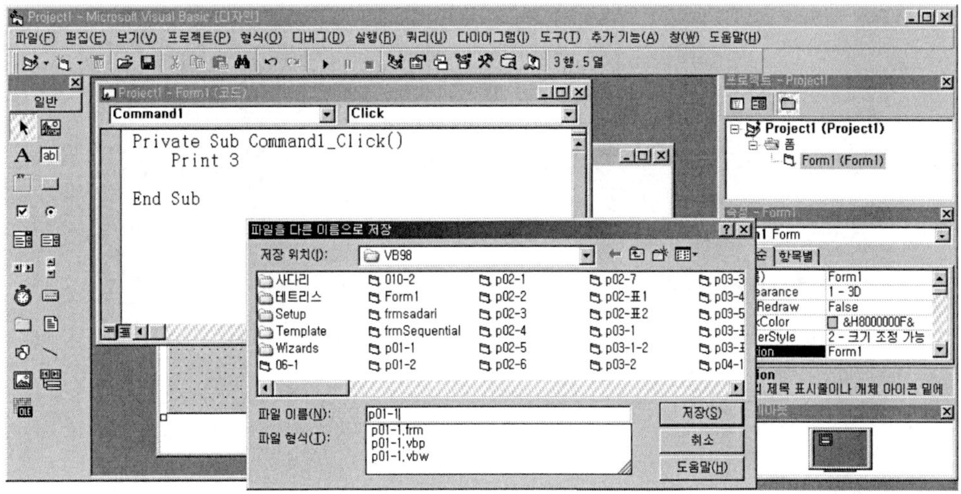

[그림 1.9] 폼 저장

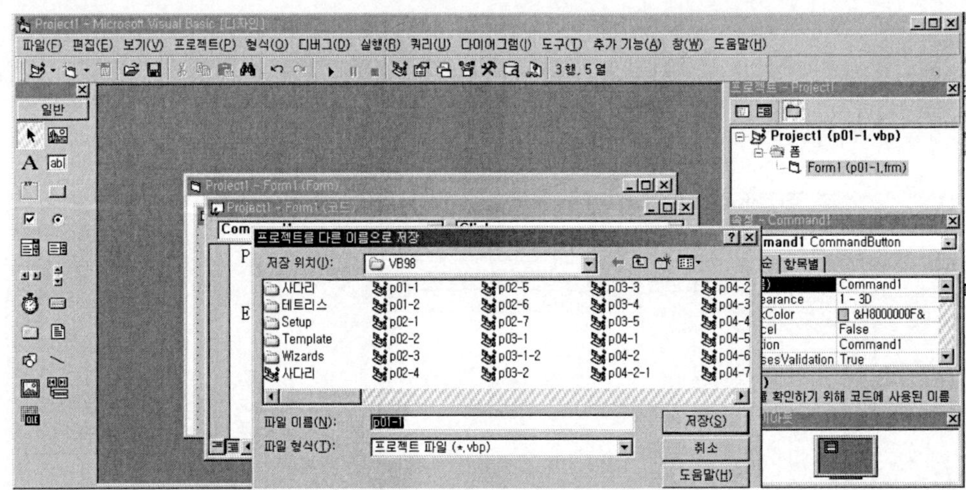

[그림 1.10] 프로젝트 저장

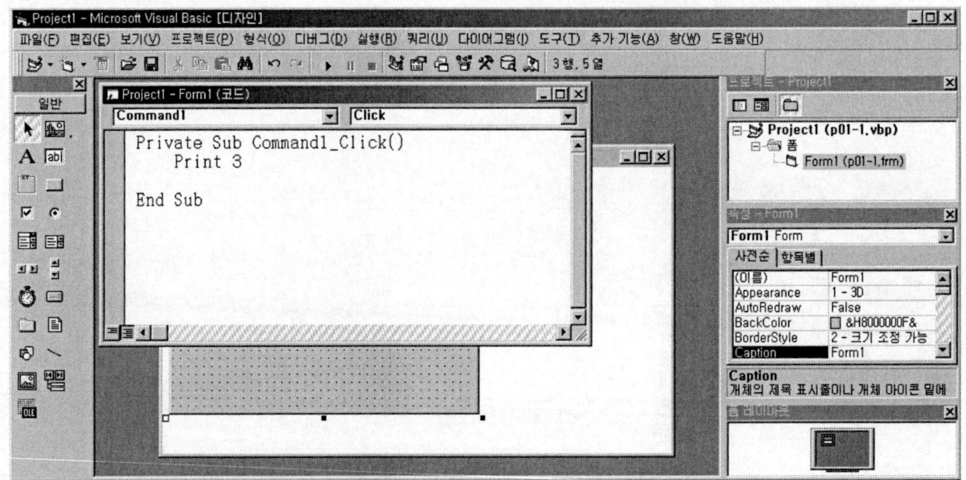

[그림 1.11] 프로젝트 탐색기창의 p01-1.vbp와 p01-1.frm

7. 프로그램 실행 종료

프로그램 실행을 종료하여 보자. 프로그램 종료는 정상 종료와 강제 종료가 있다. 정상 종료는 정상적으로 프로그램 실행이 끝난 경우, 강제 종료는 비정상적으로 프로그램을 강제적으로 종료 시키는 경우이다.

그림 1.12에서 보면 메뉴바 다음 줄인 도구모음에 있는 '■'은 풍선 도움말이 '종료'이

다. 프로그램을 실행한 뒤 이 종료버턴(■)을 클릭하면 실행 전 화면으로 돌아온다.

강제 종료는 프로그램이 무한 루프를 실행하는 경우 강제적으로 프로그램을 종료 시키는 방법이며 'Ctrl' 키를 누른 상태에서 'Break' 키를 누르면 강제 종료된다.

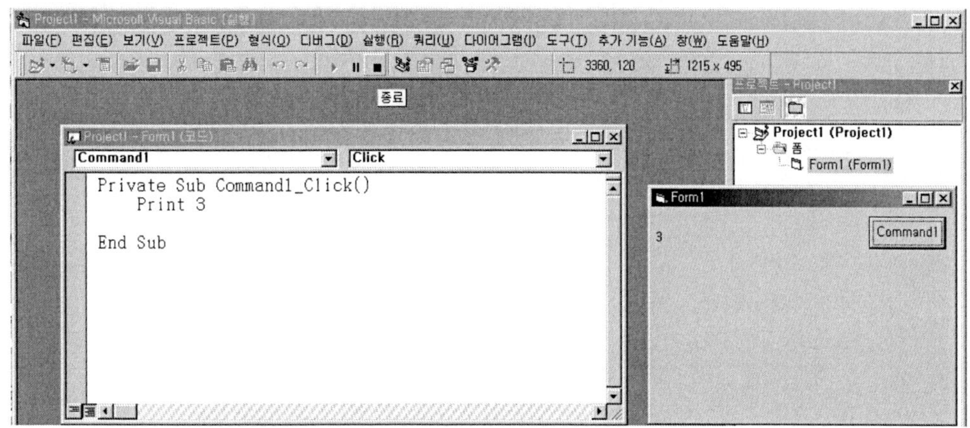

[그림 1.12] 프로그램 실행 종료

1-5 * 변수와 출력문

변수란 프로그램을 실행할 때 데이터를 저장하기 위한 기억장소의 이름을 의미하며 프로그램 실행 중에 그 값을 변경시킬 수 있다. 비주얼 베이직에서는 다음과 같이 변수를 선언한다.

> **문법** Dim 변수명 [As 데이터형]

```
[예]  Dim A as Integer
      Dim intA as Integer
      Dim A, intA as Integer
```

위에서 A, intA 라는 변수를 정수형으로 선언할 수 있다. A, inA 를 각각 선언하는 것이 원칙이지만 Dim A, intA as Integer와 같이 2개 변수를 1문장에 선언이 가능하다. 비주얼 베이직에서는 Dim과 같이 변수 선언이 없어도 실행이 가능하며 변수의 대문자, 소문자를 구별하지 않는다.

데이터형은 정수형, 실수형, 문자형, 논리형 외에도 여러 종류의 데이터형이 있으므로 부록 2. '데이터의 형식'을 참고 할 수 있다. 정수형은 소수점이 없는 숫자, 실수형은 소수점이 있는 숫자, 문자형은 주소, 이름 등 과 같은 문자형 데이터, 논리형은 참(true), 거짓(false) 형식인 데이터이다.

- Integer : 정수형
- Double : 실수형
- String : 문자형
- Boolean : 논리형

순서도 1.5에서 a, intA는 정수, d는 double형 실수, s는 문자형, b는 논리형으로 선언하여 프로그램 p01-2와 같이 입력하여 실행하여 보자.

프로그램에는 출력결과를 같은 행에 연속으로 출력하기 위하여 "Print a;" 와 같이 ";"이 사용되어 있고 "Print d"와 같이 ";"이 없으면 다음 행에 출력이 된다.

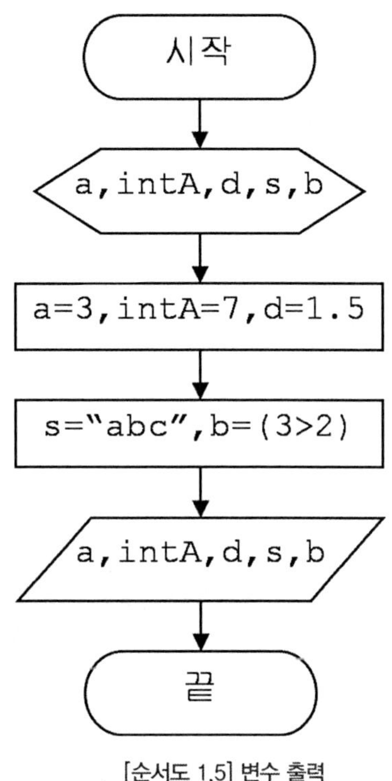

[순서도 1.5] 변수 출력

| 'p01-2 |

```
Private Sub Command1_Click()
    Dim a As Integer : Dim intA As Integer

    Dim d As Double
    Dim s As String
    Dim b As Boolean

    '설명문은 ' 다음에 기술
    a = 3 : intA = 7  : '한 행에 2명령, 구분은 " : "

    d = 1.5
    s = "abc"
    b = (3 > 2)

    '한 행에 연속해서 출력
```

```
    Print a, intA, d, s, b

    Print a; :    '다음 출력 내용을 현재 행에 띄우지 않고 연속출력
    Print intA; : '다음 출력 내용을 현재 행에 띄우지 않고 연속출력
    Print d :     '다음 출력 내용을 다음 행에 출력
    Print :       '빈 행 출력

    Print s
    Print b

End Sub
```

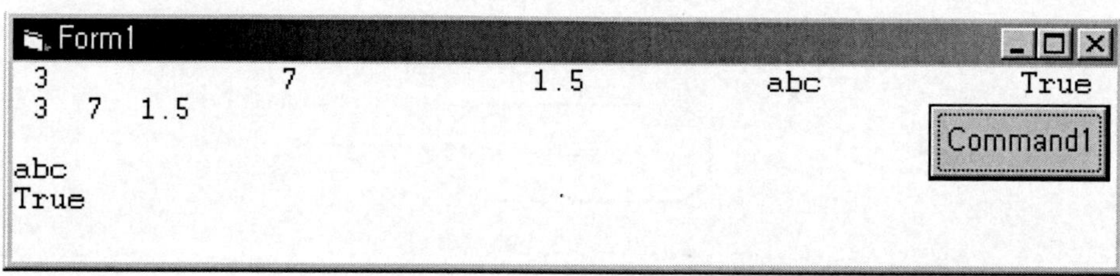

1-1 다음 순서도의 프로그램을 작성하고 실행결과는 무엇인가?

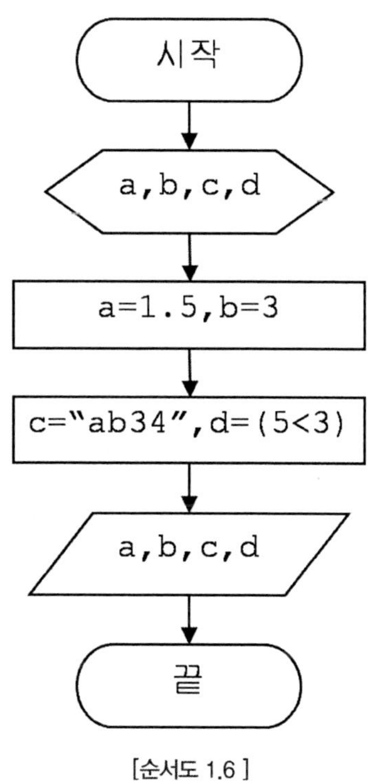

[순서도 1.6]

 다음 순서도의 프로그램을 작성하고 실행결과는 무엇인가?

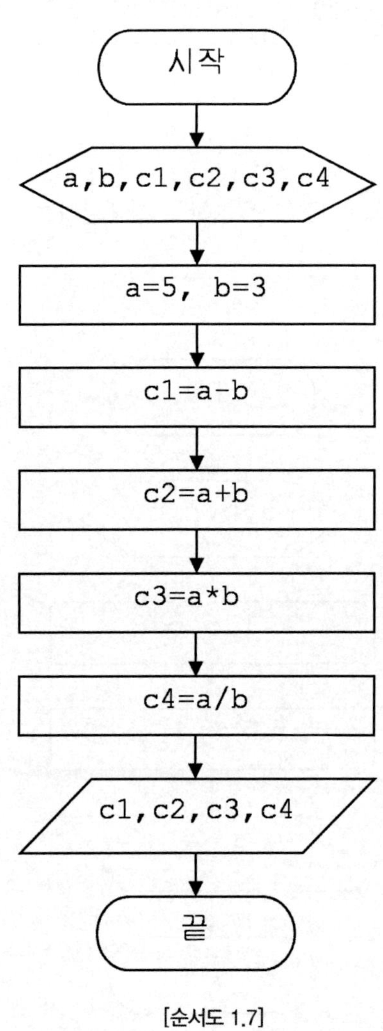

[순서도 1.7]

32

1-3 다음 순서도의 짝수, 홀수를 구분 하고자 한다. 짝수인 경우에는 "A는 짝수", 홀수인 경우에는 "A는 홀수"를 출력하기 위해서는 ①, ②에 해당하는 출력문은 무엇인가?

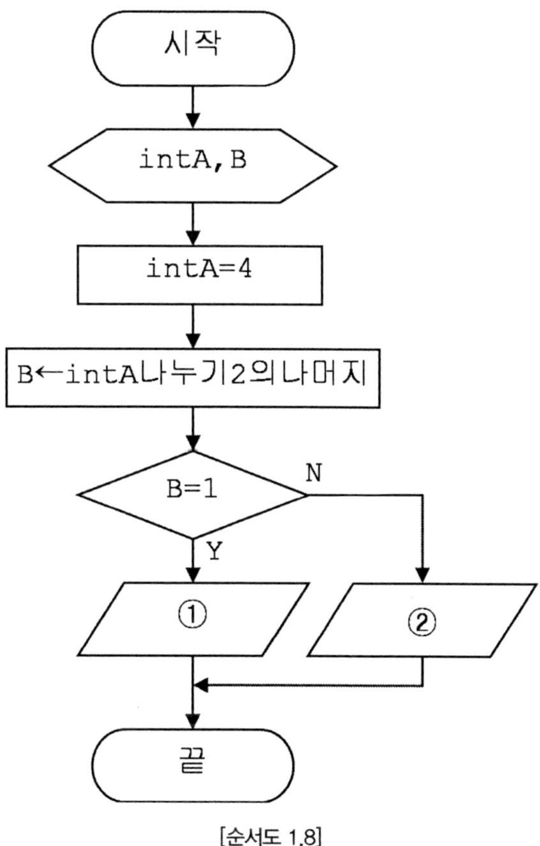

[순서도 1.8]

 다음 순서도에서 출력결과는 무엇인가

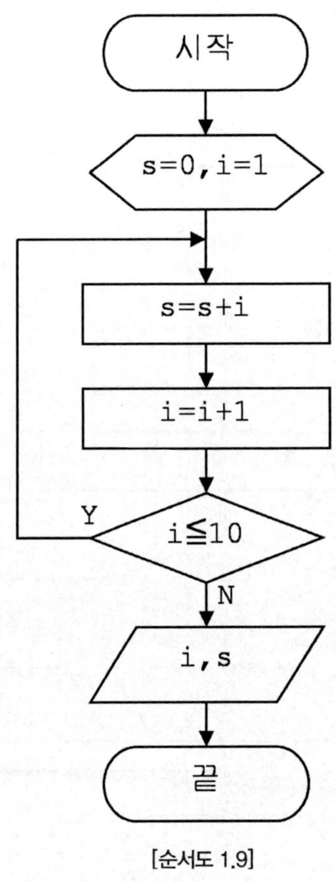

[순서도 1.9]

CHAPTER 02

순차구조

| CHAPTER 02 | 순차구조

학습목표

이 장에서는 프로그램의 기본 구조인 순차구조에 관해 기술한다. 순차구조를 이해하면서 프로그램에서 입출력 방법 및 산술 연산자를 학습한다. 프로그램의 기본 명령인 절대치(Abs), 정수(Int), 제곱근(Sqr), 나머지(Mod), 난수(Rnd)를 이해하면서 프로그램 입력과 실행을 반복하여 순차구조에 대해 숙달한다.

이 장의 구성

2-1. 입출력
2-2. 산술연산자
2-3. 절대치(Abs)
2-4. 정수(Int)
2-5. 제곱근(Sqr)
2-6. 나머지(Mod)
2-7. 난수(Rnd)

순차구조

2-1 비주얼 베이직 6.0 사용법

컴퓨터에서 키보드를 이용하여 데이터를 입력 하거나 모니터와 프린터 등으로 출력하는 경우를 입출력이라 한다.

컴퓨터를 이용하여 계산하거나 특정한 문제를 처리 하려고 하면 대상이 되는 값이 있어야 하므로 이 대상을 키보드나 하드 디스크 등을 입력으로 하며 컴퓨터에서 처리된 결과를 모니터나 프린터에 출력하여 확인할 수 있다.

표 2-1은 비주얼 베이직에서 사용되고 있는 입출력 명령어의 예가 된다.

[표 2.1] 입출력 명령어

구분	명령어	사용 예	의미
입력문	InputBox	A=InputBox("변수값은?", "변수입력창", 0)	변수 A에 입력
출력문	print	print A	변수 A를 출력

표 2.1의 입력문과 출력문을 실행하면 InputBox 명령으로 변수를 입력 할 수 있는 윈도의 창이 열리고 만약 5를 입력하면 A=5가 되며 이 값은 print 출력명령에 의해 폼 화면에 5가 출력이 되어 비주얼 베이직을 이용하여 키보드에서 입력을 하고 컴퓨터에서 처리된 결과를 모니터에서 확인 할 수 있는 입출력 명령이 된다.

InputBox 명령으로 입력된 데이터는 문자형 데이터이므로 프로그램의 3번째 InputBox 명령과 같이 Val 명령으로 문자를 수치화 하여 A 변수로 입력하는 것이 바람직

하지만 Val 명령을 사용하지 않고 A에 입력하여도 자동 데이터 변경이 되어 입력이 된다.

프로그램 "p02-1"을 실행하면 InputBox 명령이 3번 실행이 되며 5를 3번 입력하면 같은 결과를 실행 화면에서 볼 수 있다.

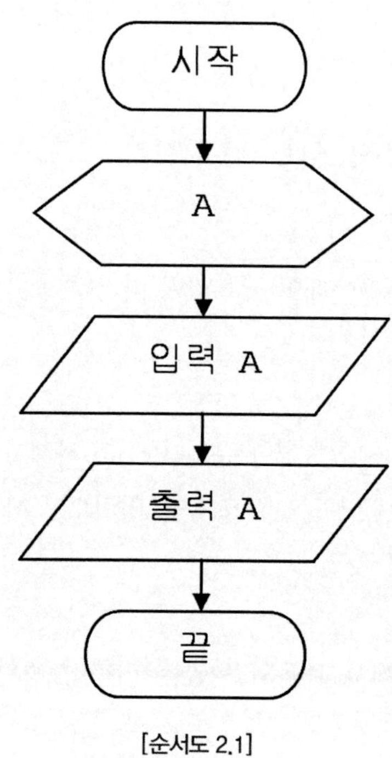

[순서도 2.1]

```
'p02-1

Private Sub Command1_Click()
    Dim A As Integer

    A = InputBox("변수값은?", "변수 입력창")
    Print A

    A = InputBox("", "")
    Print A

    A = Val(InputBox("변수값은?", "변수 입력창"))
    Print A
End Sub
```

산술연산자를 사칙연산(+, −, *, /)을 위해 사용되는 부호를 의미하며 프로그래밍에서는 +(덧셈), −(뺄셈), *(곱셈), /(나눗셈), ^(거듭제곱)으로 정의가 된다.

표 2.2는 연산자의 예가 된다. 표에서 E=5^3은 5^3을 의미한다

[표 2.2] 연산자와 수식 표현

연산	기호	사용 예
덧셈	+	A = 5 + 3
뺄셈	−	B = 3 − 5
곱셈	*	C = 5 * 3
나눗셈	/	D = 5 / 3
거듭제곱	^	E = 5 ^ 3

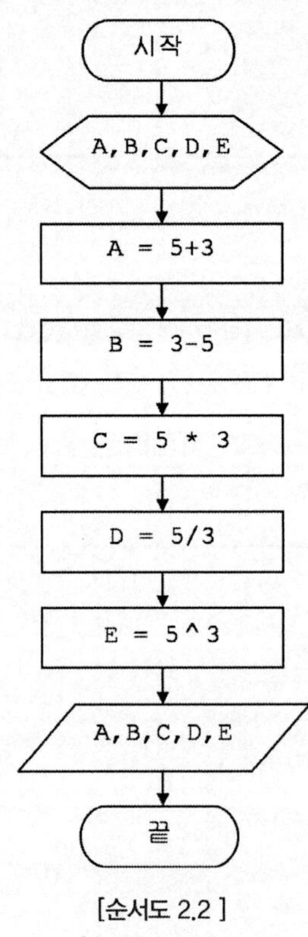

[순서도 2.2]

```
'p02-2

Private Sub Command1_Click()
    Dim A, B, C, E As Integer
    Dim D As Double

    A = 5 + 3
    B = 3 - 5
    C = 5 * 3
    D = 5 / 3
    E = 5 ^ 3

    Print A, B, C, D, E
    Print
    Print A; B; C; D; E

End Sub
```

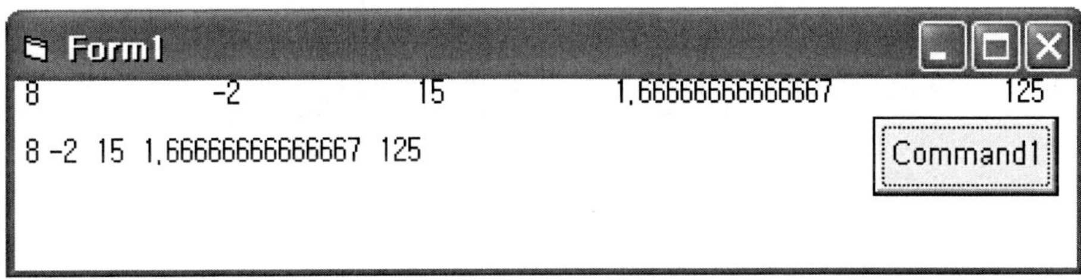

Abs(x)명령은 입력된 x의 절대값을 계산해 준다. x의 값이 양수, 음수 관계없이 양수의 값으로 계산해 주며 Abs(5)또는 Abs(−5)인 경우 각각 계산은 동일한 5가 된다

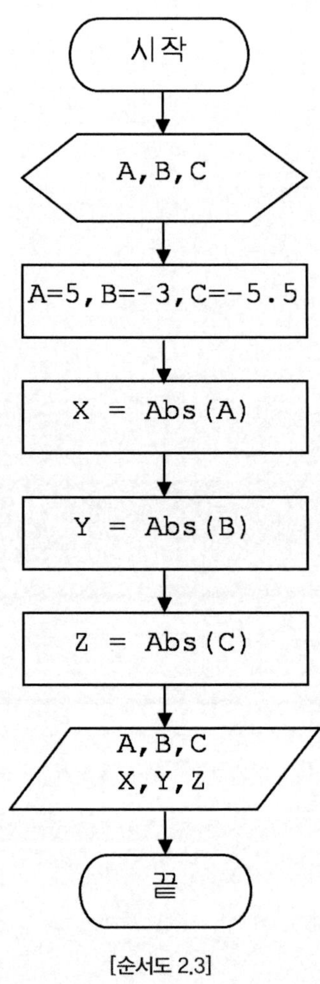

[순서도 2.3]

'p02-3

```
Private Sub Command1_Click()
    Dim A, B, x, y As Integer
    Dim C, z As Double

    A = 5: B = -3: C = -5.5

    x = Abs(A)
    y = Abs(B)
    z = Abs(C)

    Print A, B, C
    Print x, y, z

End Sub
```

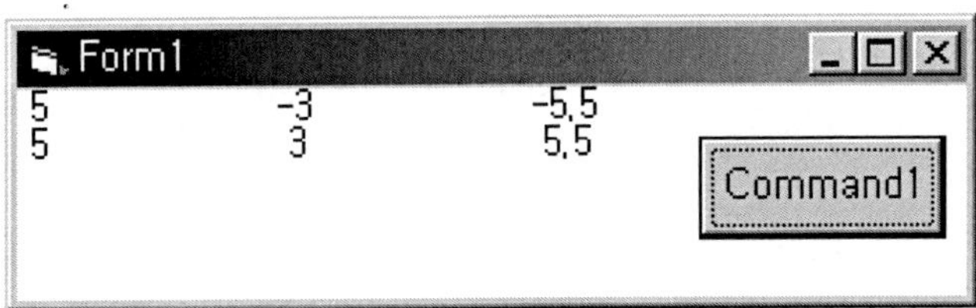

Int(x)명령은 x 이하의 수 중에서 최대 정수 값을 계산해 준다. Int(5.2)이면 5가 되고 음수인 경우 Int(-3.3)은 -4가 되며 -3은 -3.3보다 큰 수이다.

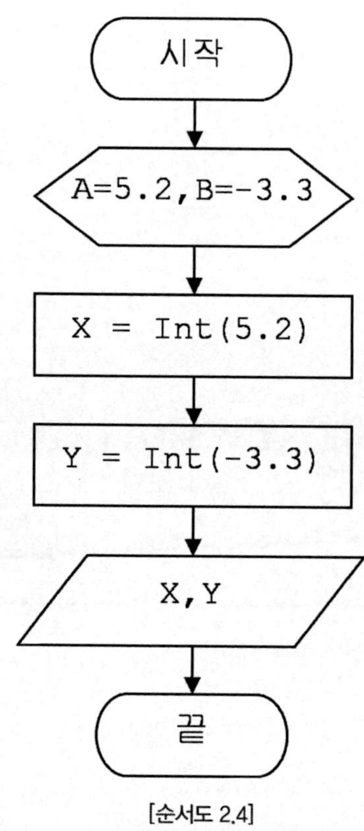

[순서도 2.4]

```
'p02-4

Private Sub Command1_Click()
    Dim A, B As Double
    Dim x, y As Integer

    A = 5.2: B = -3.3

    x = Int(A)
    y = Int(B)

    Print A, B
    Print x, y
End Sub
```

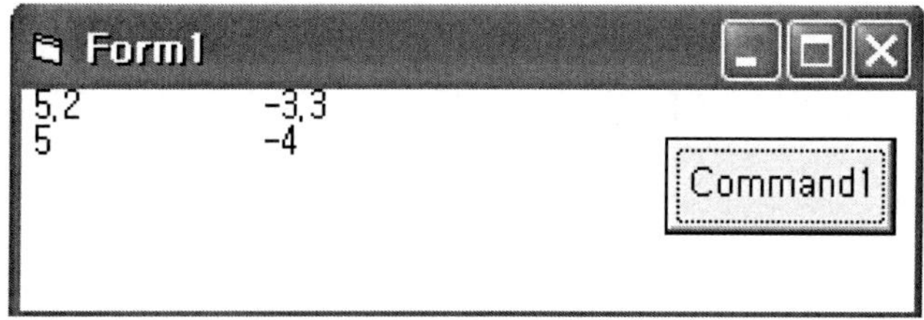

2-5 ❊ 제곱근(Sqr)

Sqr(x)명령은 x의 제곱근(square root)값을 계산해 준다. Sqr(9)는 3이 되고 Sqr(7)은 2.645…이 된다.

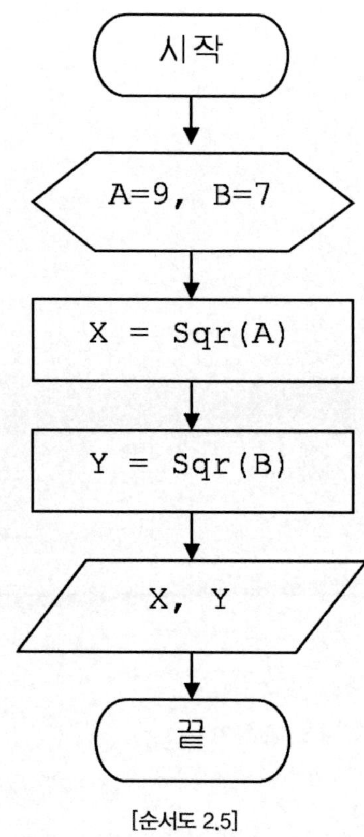

[순서도 2.5]

'p02-5

```vb
Private Sub Command1_Click()
    Dim A, B, x, y As Double

    A = 9: B = 7

    x = Sqr(A)
    y = Sqr(B)

    Print A; "의 제곱근은"; x
    Print B; "의 제곱근은"; y

End Sub
```

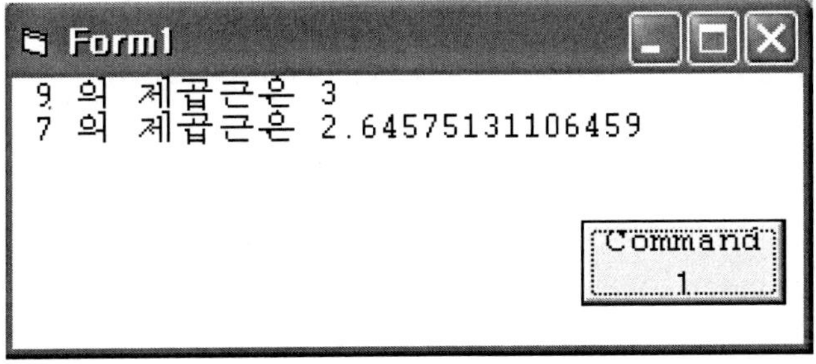

나머지(Mod)

입력 데이터가 A, B인 경우 A mod B 명령은 A를 B로 나눈 나머지를 계산해 주며 A=(4 Mod 2) 명령은 A=0이 된다.

나머지가 계산되는 기능을 이용하여 홀수, 짝수, 배수를 판단 할 수 있으며 만약 2로 나누어 나머지가 0이면 짝수, 2로 나누어 나머지가 1이 되면 홀수가 된다.

또한 3으로 나누어 나머지가 0이면 3의 배수가 된다

[표 2.3 Mod명령 결과]

명령	결과	의미
A = 4 mod 2	A = 0	4는 짝수
B = 5 mod 2	B = 1	5는 홀수
C = 5 mod 3	C = 2	5는 3의 배수 아님
D = 6 mod 3	D = 0	6은 3의 배수

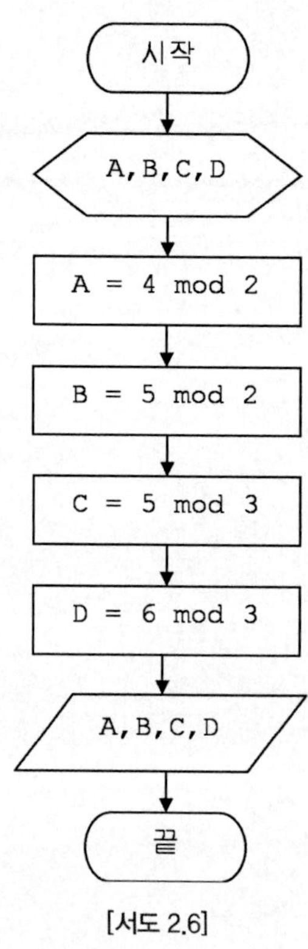

[서도 2.6]

| 'p02-6 |

```
Private Sub Command1_Click()
    Dim A, B, C, D As Integer

    A = 4 Mod 2
    B = 5 Mod 2

    C = 5 Mod 3
    D = 6 Mod 3

    Print "4/2 의 나머지는"; A
    Print "5/2 의 나머지는"; B
    Print "5/3 의 나머지는"; C
    Print "6/3 의 나머지는"; D
End Sub
```

비주얼 베이직에서 난수 명령을 이용하여 x=RND의 경우 0〈x〈1 사이의 실수가 발생되며 x는 0보다 크며 1보다 작은 수가 발생 된다.

[표 2.4] Rnd명령 결과

명령	결과	의미
A = Rnd	0 〈 A 〈 1	A는 0과 1사이의 실수
B = A * 10	0 〈 B 〈 10	B는 0과 10사이의 실수
C = Int (A * 10)	0 〈= C 〈 10	C는 0이상 10미만의 정수
D = Int(A * 10) + 5	5 〈= D 〈 15	D는 5이상 15미만의 정수

표 2.4에서 D=Int(A*10)+5명령에서 Rnd, Int 명령을 이용하여 5이상 15미만의 정수를 발생 시킬 수 있다. 만약 30이상 100미만의 정수를 난수로 발생하려면 최소치는 30이고 최대치는 100이므로 70=(100−30)이 범위의 수가 되고 최소치는 30이므로 다음 명령이 된다.

```
D = Int(Rnd * 70) + 30
```

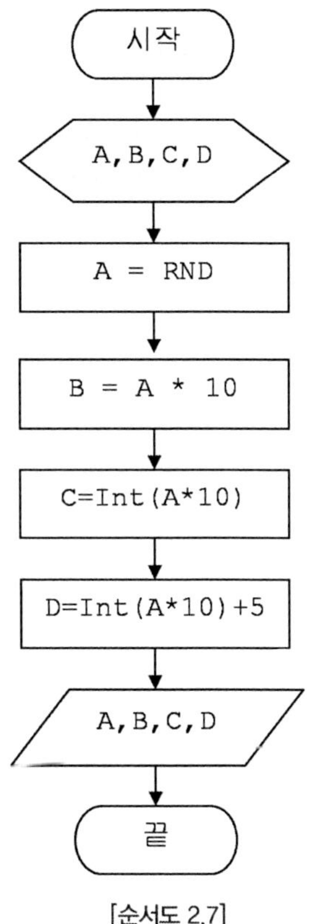

[순서도 2.7]

```
'p02-7

Private Sub Command1_Click()
    Dim a, b As Double
    Dim c, d As Integer

    a = Rnd
    b = a * 10
    c = Int(a * 10)
    d = Int(a * 10) + 5

    Print "난수=          "; a
    Print "난수*10의 실수="; b
    Print "난수*10의 정수="; c
    Print "난수*10의 정수 +5="; d
End Sub
```

2-1 다음 순서도를 InputBox 명령을 사용하여 입력창으로 데이터를 입력하고 실행하면 결과는 무엇인가?

A=5.5, B=-3.3, C=6.2, D=-2.3

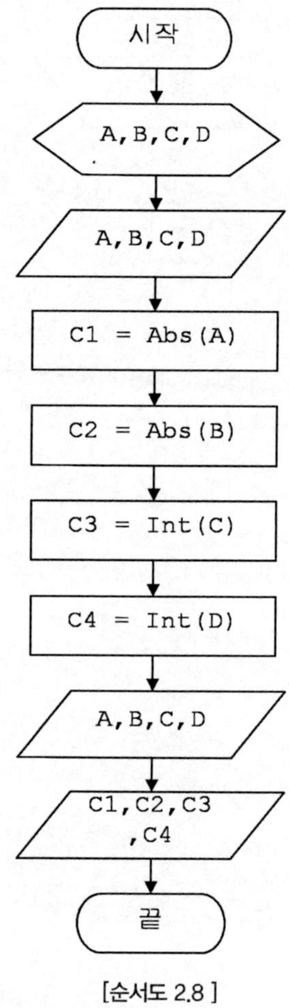

[순서도 2.8]

2-2 다음 순서도의 실행결과는 무엇인가?

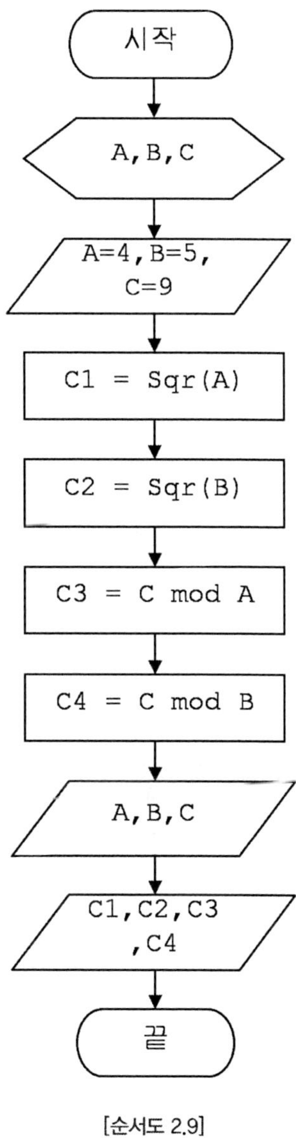

[순서도 2.9]

다음 순서도에서 D의 범위는 무엇인가?

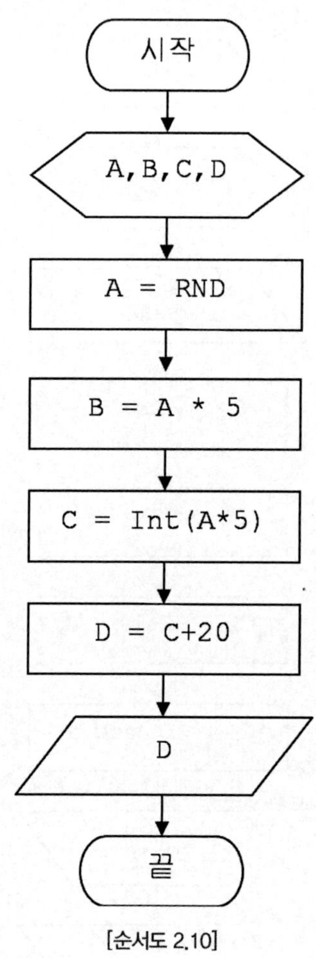

[순서도 2.10]

2-4 Rnd 명령을 이용하여 40≦x≦100 값을 발생하고자 한다.
해당번호의 값은 무엇인가?

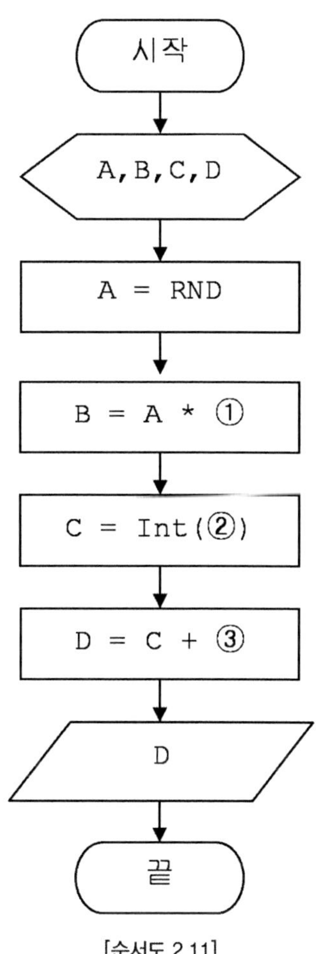

[순서도 2.11]

CHAPTER 03

선택구조

| CHAPTER 03 | 선택구조

학습목표

이 장에서는 프로그램의 기본 구조인 선택구조에 관해 기술한다.
선택구조는 프로그램의 흐름을 제어하는 기능이며 이에 관련된
관계 연산자, 논리 연산자를 이해하고 학습하며 선택구조에 관련
된 단순 If 문, 이중 If 문, Select 문의 이해 및 사용방법에 관해
학습한다.

이 장의 구성

3-1. 관계 연산자와 논리 연산자
3-2. If~Then 문
3-3. If~Then~Else 문
3-4. 이중 If 문
3-5. Select Case 문

선택구조

3-1 ※ 관계 연산자와 논리 연산자

관계 연산자는 If 문과 같은 선택구조에서 피연산자를 비교 하는데 사용되며 연산의 결과는 참(true), 거짓(false) 으로 반환 된다. 관계 연산자는 수치 데이터, 문자 데이터, 논리 데이터 등에 대하여 크기를 비교 한다.

[표 3.1] 관계 연산자의 종류

관계 연산자	의미	사용 예
=	같다	3 = 5 결과 : False
◇	다르다	3 ◇ 5 결과 : True
〉	크다	3 〉 5 결과 : False
〈	작다	3 〈 5 결과 : True
〉=	크다(이상)	3 〉= 5 결과 : False
〈=	작다(이하)	3 〈= 5 결과 : True

```vb
'p03-1

Private Sub Command1_Click()
    Dim A, B, C, D, E, F As Boolean


    A = (3 = 5)
    B = (3 <> 5)
    C = (3 > 5)


    D = (3 < 5)
    E = (3 >= 5)
    F = (3 <= 5)


    Print A, B, C
    Print D, E, F


End Sub
```

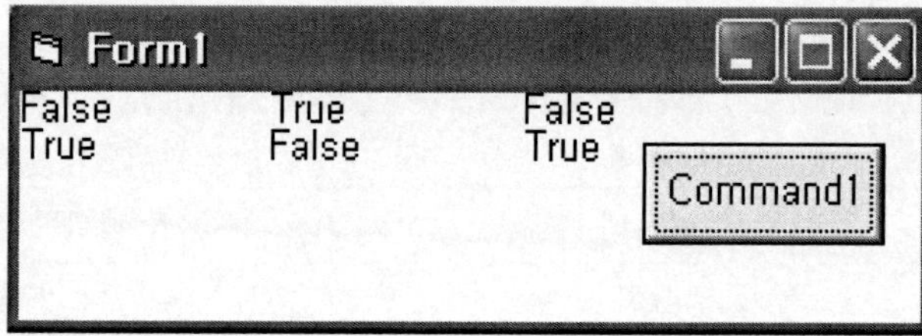

논리 연산자는 And, Or, Not 연산자가 있으며 피연산자의 논리 값을 비교하여 논리결과를 참(true), 거짓(false)로 반환된다.

[표 3.2] 논리연산자의 종류

논리연산자	의미	사용 예
And	논리곱(두 값 모두 참일 때만 참)	(A > B) And (C < D)
Or	논리합(두 값 중 하나라도 참이면 참)	(A > B) Or (C < D)
Not	논리부정(참이면 거짓, 거짓이면 참)	Not (A > B)

표 3.2에서 A=1, B=2, C=3, D=4인 경우 And 논리연산은 거짓, Or 논리연산은 참, Not 논리연산은 참이 된다.

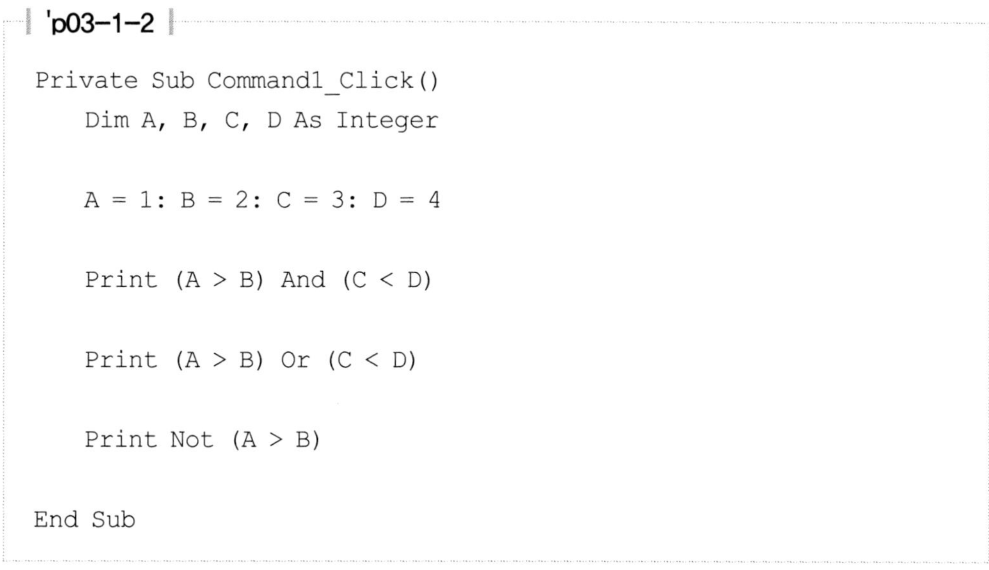

```
'p03-1-2

Private Sub Command1_Click()
    Dim A, B, C, D As Integer

    A = 1: B = 2: C = 3: D = 4

    Print (A > B) And (C < D)

    Print (A > B) Or (C < D)

    Print Not (A > B)

End Sub
```

If 문은 조건식을 판단하여 조건식이 참이면 실행문을 수행하며 프로그램의 흐름을 결정하는 매우 중요한 요소이다.

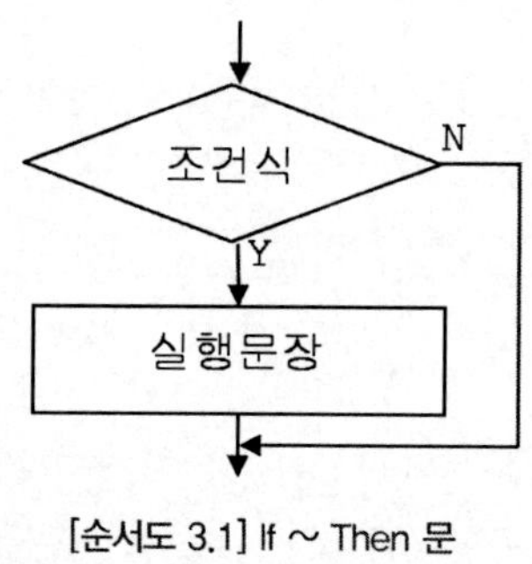

[순서도 3.1] If ~ Then 문

입력된 수가 짝수이면 '짝수'를 출력하여 보자.

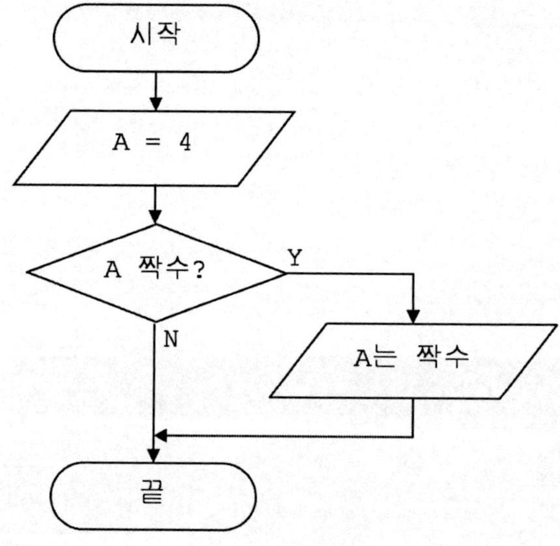

[순서도 3.2] 짝수 출력

짝수를 판단하기 위하여 A Mod 2 명령을 사용하며 결과가 0이면 짝수이다. 순서도에서 짝수이면 '짝수'가 출력되고 짝수가 아니면 출력되지 않는다.

프로그램에서 If ~ Then 문장이 1개 문장이 아닌 경우 Then 이하 실행문장을 다음 줄에 입력하고 마지막에 If 문의 끝을 표시하는 End If가 필요하다.

```
'p03-2
Private Sub Command1_Click()
    Dim a As integer

    a = 4

    If (a Mod 2) = 0 Then Print a; "는 짝수"

    If (a Mod 2) = 0 Then
        Print a; "는 짝수"
    End If

End Sub
```

  If ~ Then ~ Else 문

 If 조건식 Then 실행문1 Else 실행문2

If ~ Then ~ Else 문은 조건식이 참이면 실행문1을 실행하고 거짓이면 실행문2를 실행한다.

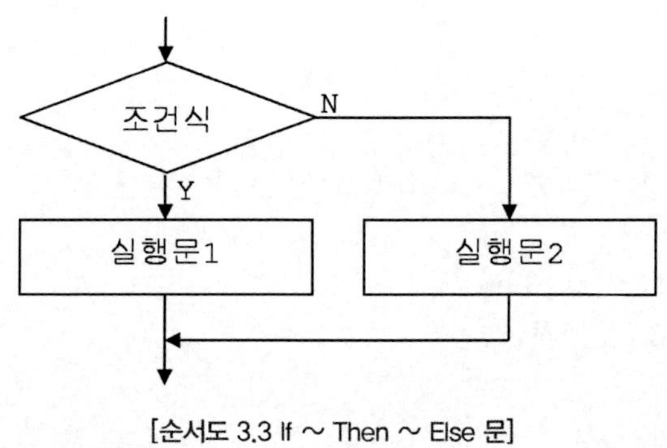

[순서도 3.3 If ~ Then ~ Else 문]

입력된 수가 짝수이면 '짝수' 홀수이면 '홀수'를 출력하여 보자.

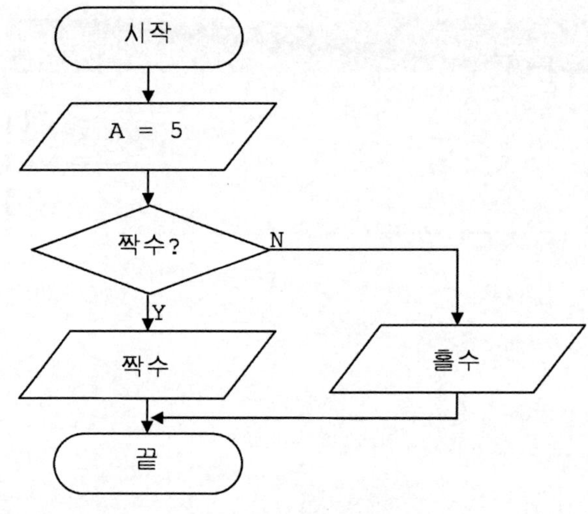

[순서도 3.4 짝수, 홀수 출력]

'p03-3

```
Private Sub Command1_Click()
    Dim A As Integer

    A = 5

    If (A Mod 2) = 0 Then
        Print A; "는 짝수"
    Else
        Print A; "는 홀수"
    End If

End Sub
```

검사할 조건식이 2개 이상인 경우 다중 If 문을 사용하며 ElseIf문을 추가적으로 사용하며 여러 개의 조건식을 조사 할 수 있다.

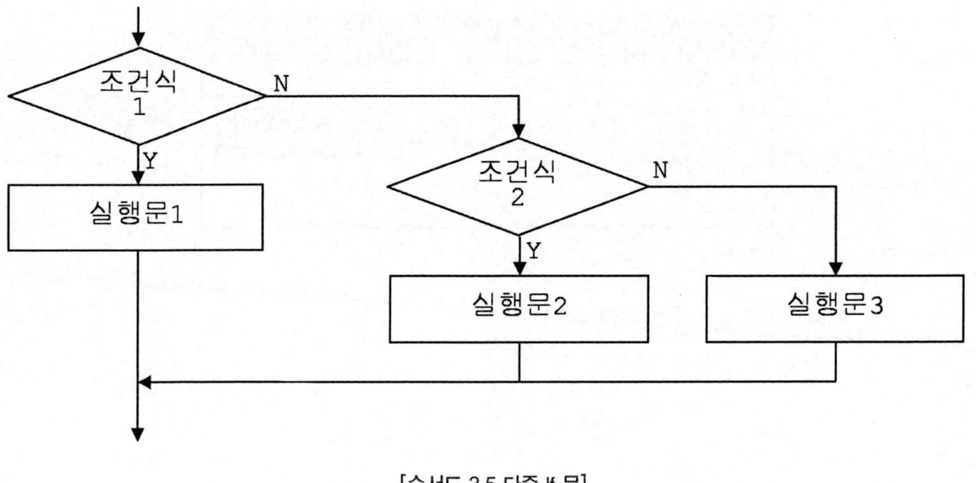

[순서도 3.5 다중 If 문]

입력된 수가 음수이면 '음수'를 출력하고 양수이면 짝수, 홀수를 구분하여 '짝수', '홀수'를 출력하여 보자.

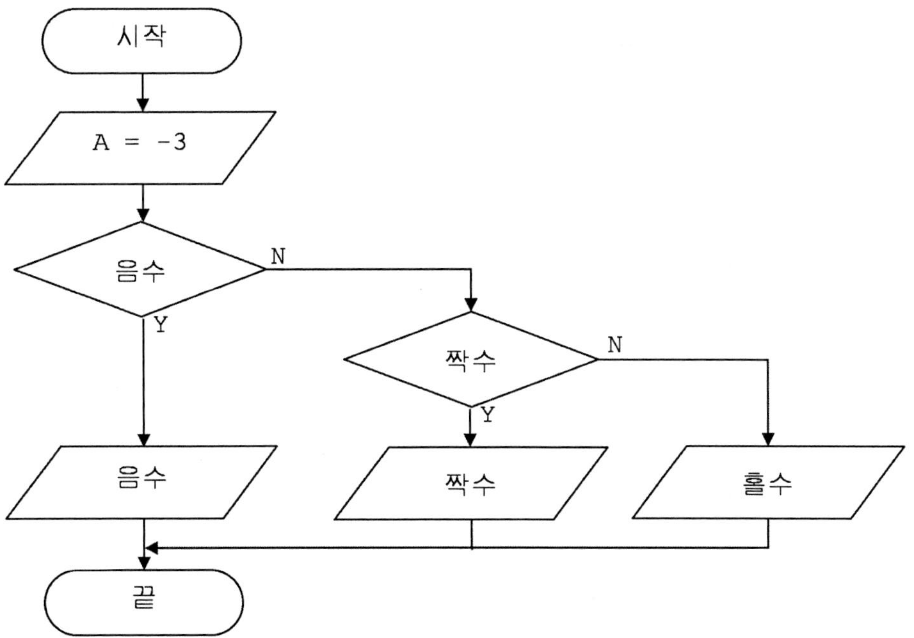

[순서도 3.6 음수, 짝수, 홀수 출력]


```
Private Sub Command1_Click()
    Dim a As Integer

    a = -3

    If a < 0 Then
        Print a; "는 음수"
    ElseIf (a Mod 2) = 0 Then
        Print a; "는 짝수"
      Else
        Print a; "는 홀수"
    End If

End Sub
```

Select Case 문은 조건 변수를 판단하여 여러 개의 실행 블록 중 하나를 선택하여 분기한다. 다중 If 문으로 표현이 가능하지만 Select Case 문을 사용하면 이해가 빠르고 간결한 구문으로 다중선택의 기능을 할 수 있다. Select 문의 마지막은 End Select 이며 Select 문의 끝을 의미한다.

```
문법  Setect Case 조건변수
          Case 비교값1
               실행문1
          Case 비교값2
               실행문2
          ........
          Case Else
               실행문
     End Setect
```

[표 3.3] Select Case 문의 비교 값 형태

비교 값의 형태	예
한 개의 값(숫자, 문자 모두가능)	1, "홍길동"
콤마로 구분한 여러 값	1, 2, 5
To를 사용한 범위 설정	1 To 3
Is를 사용한 조건	Is 〉 90
위의 모든 형태를 혼용	1, 3, 5, 7 To 9

입력되는 점수가 90점 이상이면 A, 80점 이상이면 B, 70점 이상이면 C, 60점 이상이면 D, 60점 미만이면 F를 출력하여 보자.

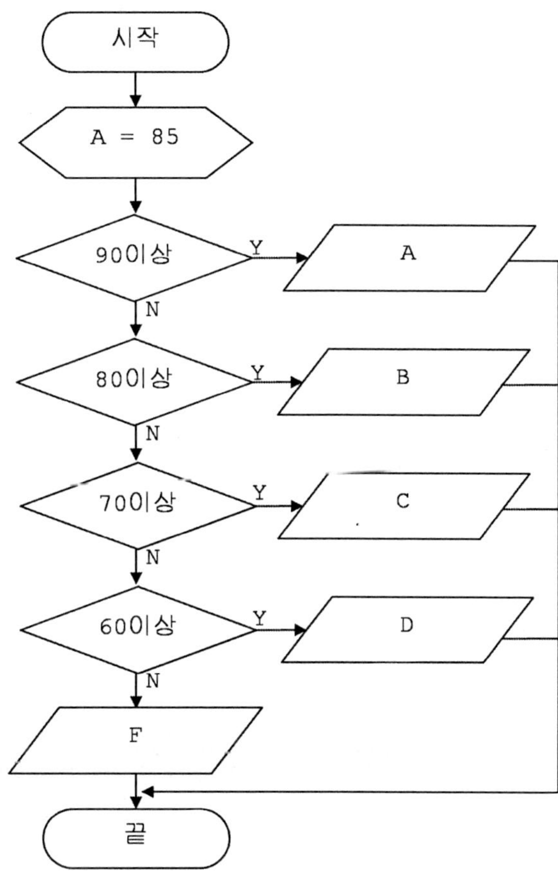

[순서도 3.7 Select Case 문]

```
'p03-5

Private Sub Command1_Click()
    Dim A As Integer

    A = 85

    Select Case A
        Case Is >= 90
            Print "A"
        Case Is >= 80
            Print "B"
        Case Is >= 70
            Print "C"
        Case Is >= 60
            Print "D"
        Case Else
            Print "F"
    End Select

End Sub
```

3-1 다음 순서도를 실행하면 결과는 무엇인가?

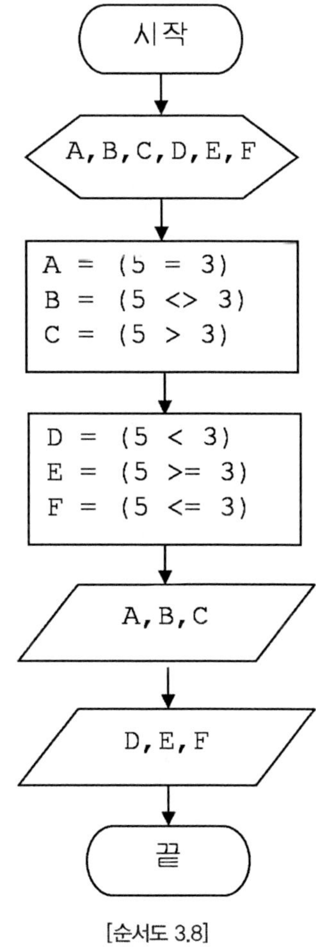

[순서도 3.8]

 다음 순서도를 실행하면 결과는 무엇인가?

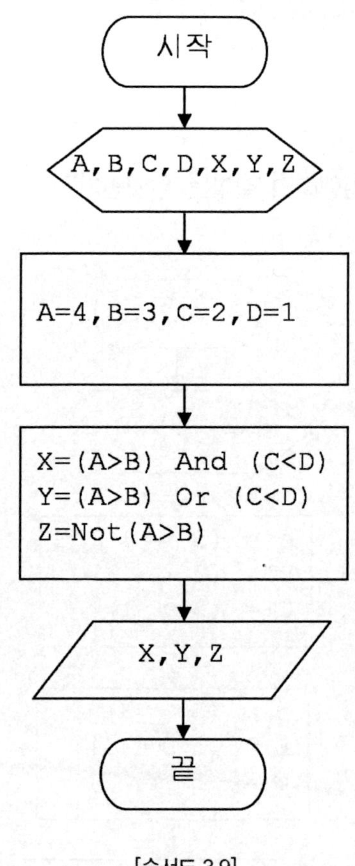

[순서도 3.9]

3-3 다음 문제의 순서도와 프로그램을 작성하시오.

1. If~Then 문

A는 정수이다. 만약 A가 4이면 "A=4"를 출력하시오.

2. If~Then~Else문

A는 정수이다. 만약 A가 4이면 "A=4", 4가 아니면 "A◇4"를 출력하시오.

3. 다중 If문

A는 정수이다. 만약 A가 4이면 "A=4", 4가 아닌 경우 3이면 "A=3", 이외에는 "A◇4" and "A◇3"을 출력하시오.

 다음 내용을 Select Case문으로 순서도와 프로그램을 작성하시오.

A는 정수이다. A가 4이상이면 "A〉=4", 3이면 "A=3", 2이면 "A=2"를 출력하고 이외에는 "A〈2"를 출력한다.

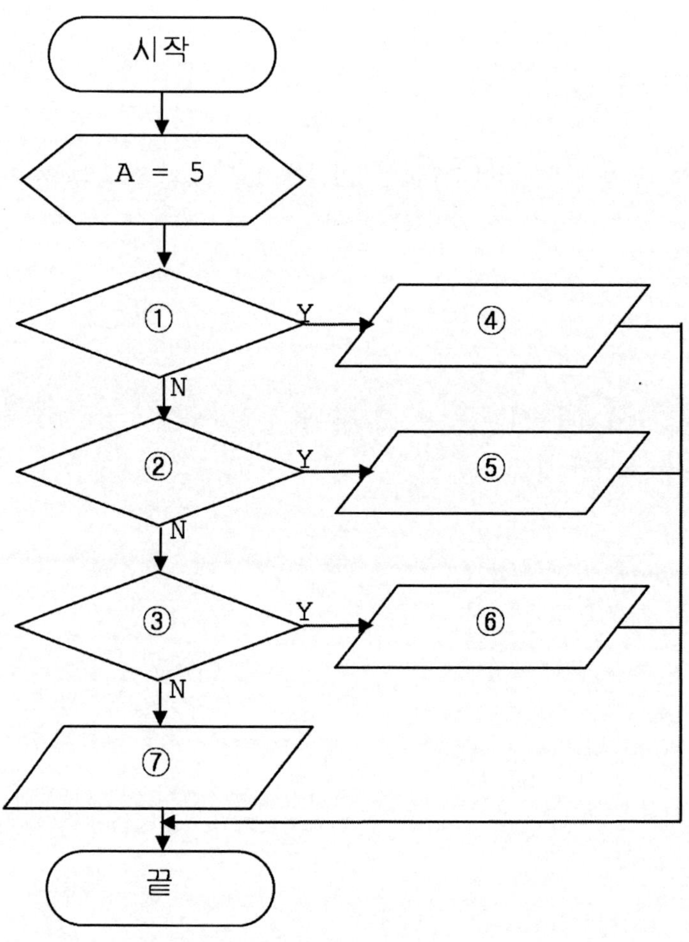

[순서도 3.10]

CHAPTER 04

순환구조

| CHAPTER 04 | 순환구조

이 장에서는 프로그램의 기본 구조인 순환구조에 관해 기술한다. 순환구조는 반복해서 문제를 처리하는 방법이며 이에 관련된 For~Next문, Do~Loop문, 반복구조에서 탈출하는 Exit문, Goto 문 등을 이해하며 숙달한다. 순환구조의 응용력을 향상시키기 위하여 두 수 사이의 합, 개수 구하기, 큰 수, 작은 수 판별 등의 문제를 이해하고 숙달한다.

이 장의 구성

4-1. For~Next 문
4-2. Do~Loop(While, Until) 문
4-3. Exit 문
4-3. Goto 문
4-5. 두 수 사이의 합, 개수 구하기
4-6. 두 수 중 큰 수, 작은 수 판별
4-7. 2의 거듭 제곱표

순환구조

4-1 ☀ For ~ Next문

반복처리 문제를 해결하기 위해 가장 많이 사용하는 For ~ Next문이며 지정한 회수만큼 실행 문장을 실행한다.

문법 For 변수 = 초기값 To 최종값 [Step 증감값]

[실행문]
Next [변수]

[Step 증감값]는 생략하면 증감값은 1로 간주하며 증감값은 정수, 실수가 가능하다.

| 'p04-1 |

```
Private Sub Command1_Click()
    Dim i, sum1, sum2 As Integer
    sum1 = 0: sum2 = 0

    For i = 1 To 10
        sum1 = sum1 + i
    Next i
    For i = 10 To 1 Step -1
        sum2 = sum2 + i
    Next i
    Print sum1, sum2
End Sub
```

1에서 10까지 정수의 합을 구하여보자.

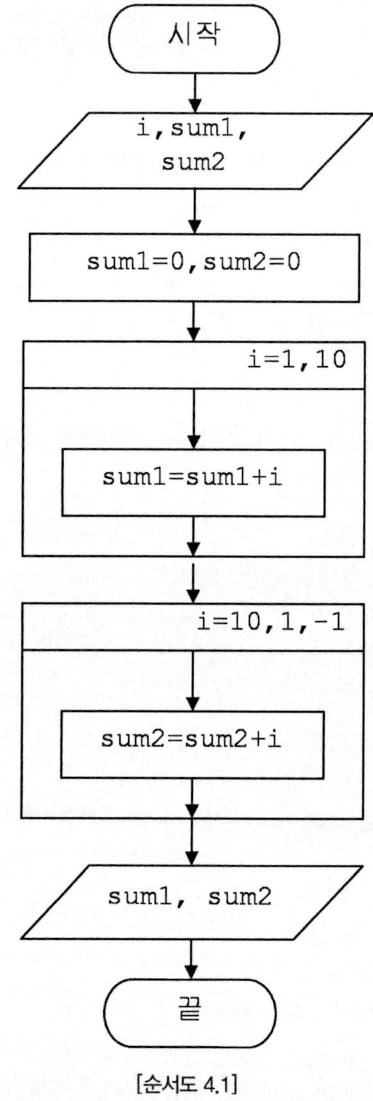

[순서도 4.1]

4-2 Do ~ loop(while, until)

반복처리 문제를 해결하기 위한 Do ~ Loop 명령이다. 순서도 4.2(a)를 살펴보면
먼저 조건식을 판단하고 실행문의 실행을 결정한다. 만약 조건식이 참(true)이면
실행문을 실행하고 다시 조건식으로 가는 반복처리 형식이다. 이 경우는 실행문이
한번도 실행이 안 될 수 있다.

> **문법** Do while(until) 조건식

[실행문]
Loop

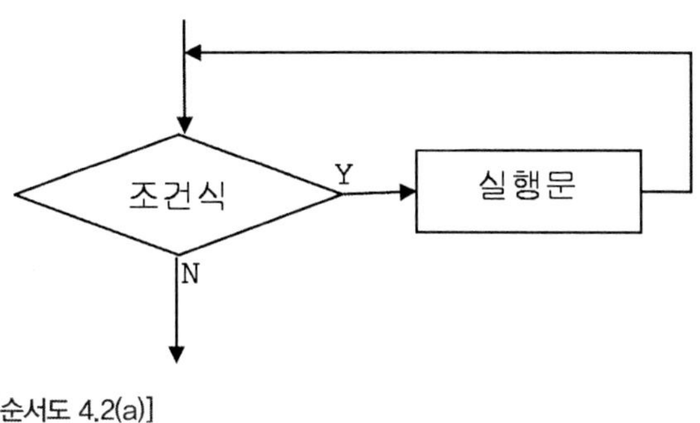

[순서도 4.2(a)]

순서도 4.2(b)를 살펴보면 먼저 실행문을 실행한 뒤 조건식을 판단하여 만약 조건식이
참(true)이면 실행문을 반복 처리하는 형식이다. 이 경우는 적어도 실행문이 한번 이상 처
리가 된다.

> **문법** Do

[실행문]
Loop while(until) 조건식

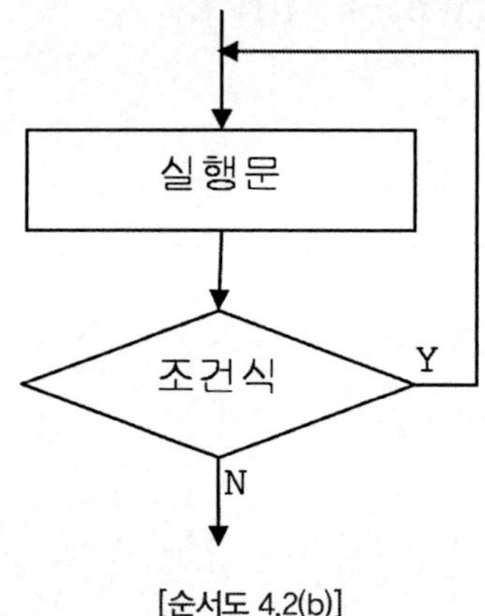

[순서도 4.2(b)]

1~10까지 정수의 합을 While문을 이용하여 구하여 보자.

| p04-2 |

```
Private Sub Command1_Click()
    Dim i, sum1, sum2 As Integer

    i = 1
    Do While (i <= 10)
        sum1 = sum1 + i
        i = i + 1
    Loop

    i = 1
    Do
        sum2 = sum2 + i
        i = i + 1
    Loop While (i <= 10)

    Print sum1, sum2
End Sub
```

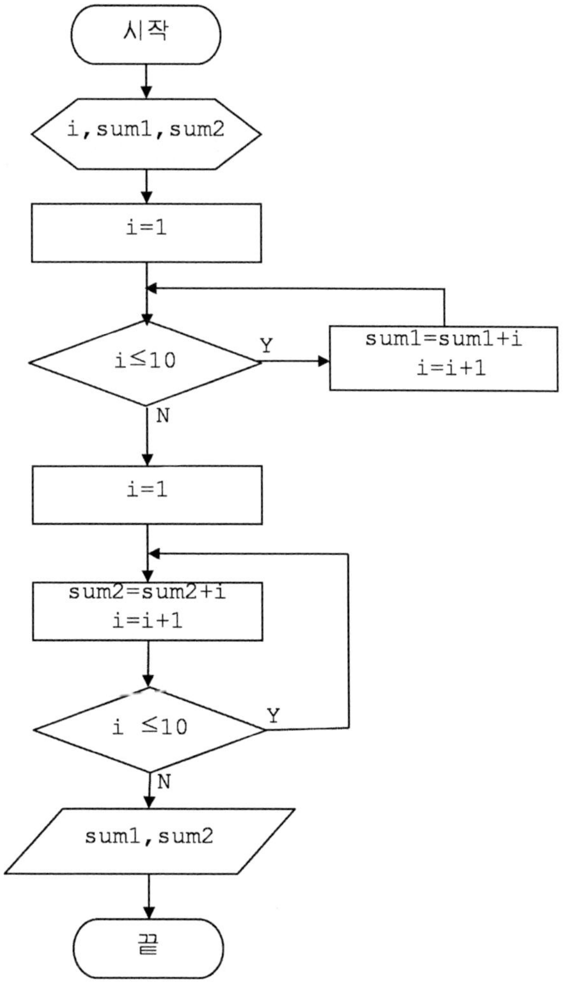

[순서도 4.2]

Do문이나 For문 또는 프로시저를 수행하다 상황에 따라 블록을 벗어나야하는 경우 Exit문을 사용한다.

> **문법** Exit Do, Exit For, Exit Function, Exit Sub

각각 Do문, For문, Function 프로시저, Sub 프로시저의 실행을 중단하고 해당 다음 문장을 실행한다.

1~100까지 정수의 합을 구하는 중 변수가 10이 되면 중단하고 10까지의 합을 구하고 결과를 출력하여 보자.

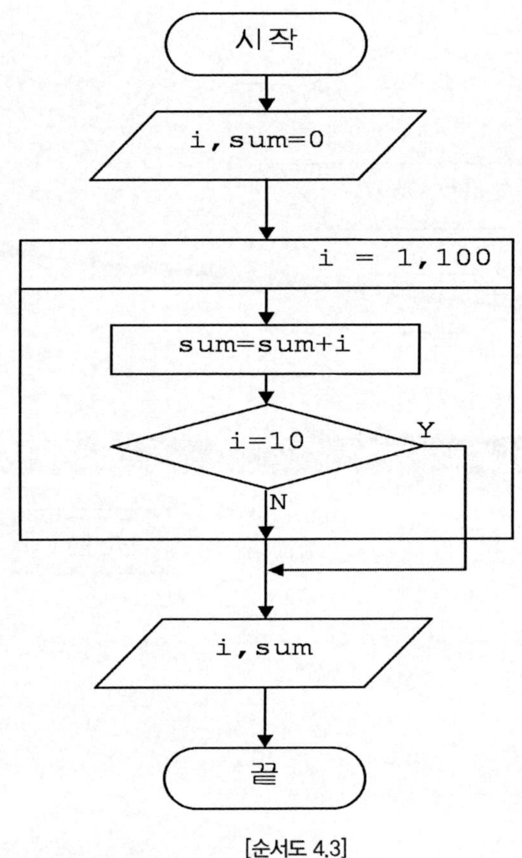

[순서도 4.3]

'p04-3

```
Private Sub Command1_Click()
    Dim i, sum As Integer

    i = 1: sum = 0

    For i = 1 To 100
        sum = sum + i
        If i = 10 Then Exit For
    Next i

    Print i, sum
End Sub
```

4-4 ✻ GoTo 문

GoTo문을 사용하면 지정된 레이블로 분기 한다

| 문법 | Goto 레이블명 |

Goto 문을 너무 많이 사용하면 코드가 복잡해지므로 많이 사용하지 않는 것이 바람직하다.

1~10까지 정수의 합을 구하여 보자.

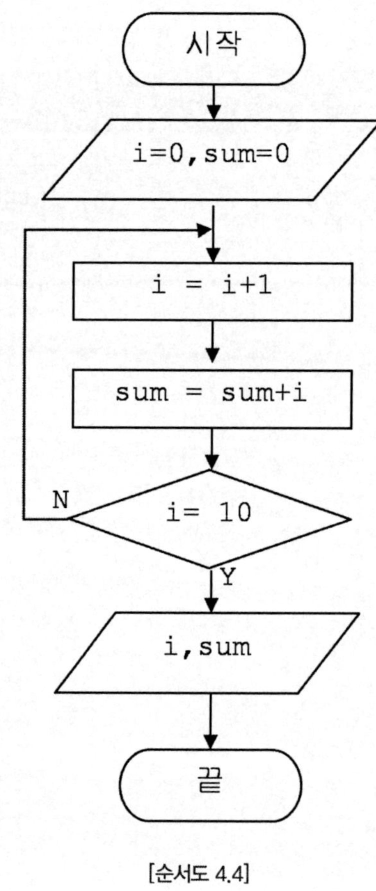

[순서도 4.4]

```
Private Sub Command1_Click()
    Dim i, sum As Integer

    i = 0: sum = 0
10
    i = i + 1
    sum = sum + i
    If Not (i = 10) Then GoTo 10

    Print i, sum
End Sub
```

2~9까지의 합을 구하고 짝수의 갯수는 구하여 보자.

순서도에서 i = 2, 9 이므로 8번 반복이 되며 짝수는 2, 4, 6, 8 이므로 4개가 된다.

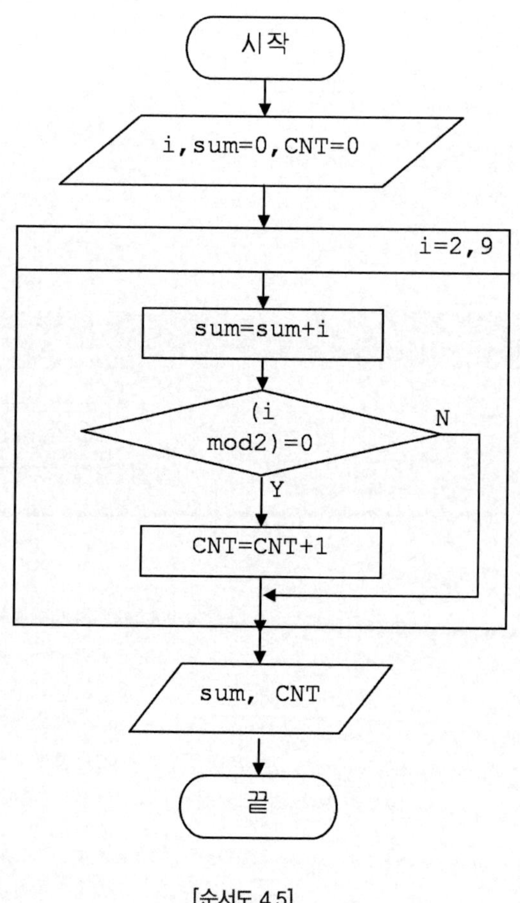

[순서도 4.5]

'p04-5

```
Private Sub Command1_Click()
    Dim i, sum, cnt As Integer

    For i = 2 To 9
        sum = sum + i
        If (i Mod 2) = 0 Then
            cnt = cnt + 1
        End If
    Next i

    Print sum, cnt
End Sub
```

입력된 수는 A, B 이고 이 중에서 작은 수를 A, 큰 수를 B로 변경하고 작은 수, 큰 수 순서로 출력하여 보자.

순서도에서 A, B의 값을 교환하기 위해서 다음의 순서로 실행을 한다.

$$T \leftarrow A$$
$$A \leftarrow B$$
$$B \leftarrow T$$

위 3문장이 차례로 실행되면 A와 B의 값이 교환되며 프로그램에서 일반적으로 사용하는 방법이 된다.

'p04-6

```
Private Sub Command1_Click()
    Dim A, B, T As Integer

    A = 3: B = 1

    If A > B Then
        T = A
        A = B
        B = T
    End If

    Print A, B
End Sub
```

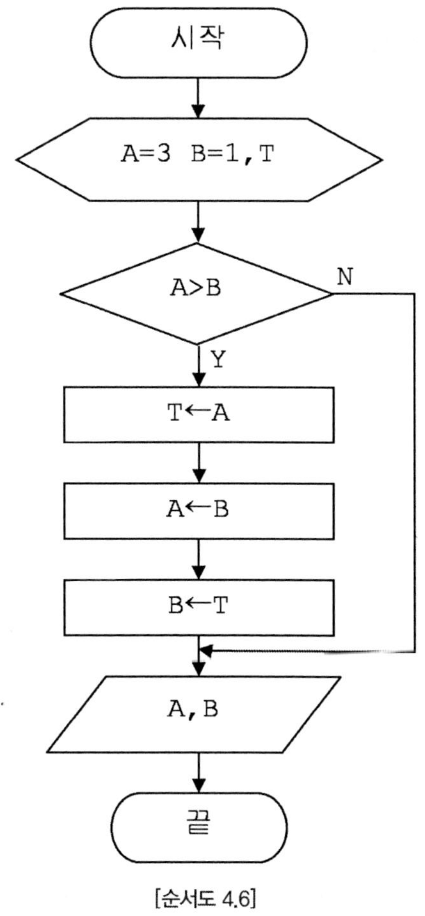

[순서도 4.6]

4-7 2의 거듭 제곱표

1~10까지 2^n $(n=1,2,\cdots,10)$을 출력하시오.

```
2^1 = 2
2^2 = 4
2^3 = 8
2^4 = 16
2^5 = 32
2^6 = 64
2^7 = 128
2^8 = 256
2^9 = 512
2^10 = 1024
```

[표 4.1] 2의 거듭 제곱

n	2^n	2^n
1	2	2
2	2 * 2	4
3	2 * 2 * 2	8
4	2 * 2 * 2 * 2	16
5	2 * 2 * 2 * 2 * 2	32
6	2 * 2 * 2 * 2 * 2 * 2	64
7	2 * 2 * 2 * 2 * 2 * 2 * 2	128
8	2 * 2 * 2 * 2 * 2 * 2 * 2* 2	256
9	2 * 2 * 2 * 2 * 2 * 2 * 2 * 2 * 2	512
10	2 * 2 * 2 * 2 * 2 * 2 * 2 * 2 * 2 * 2	1024

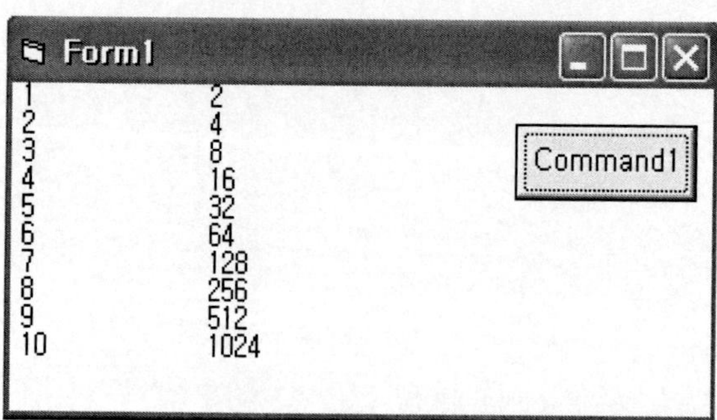

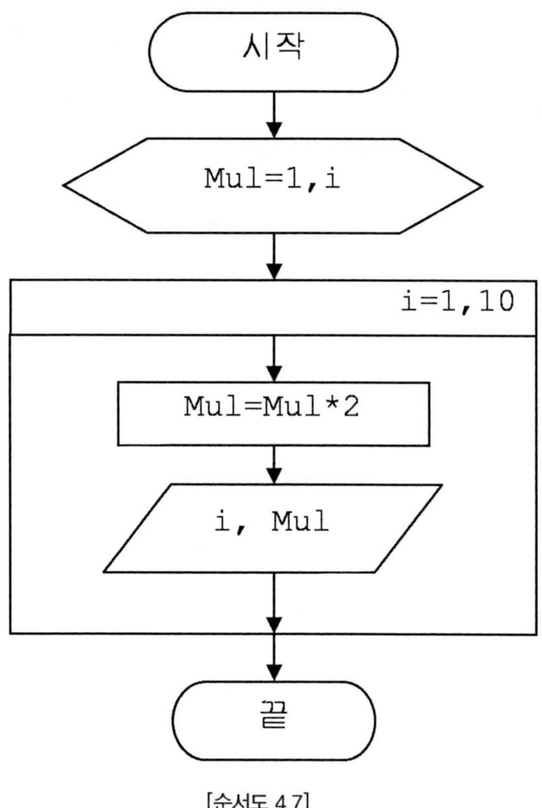

[순서도 4.7]

'p04-7

```
Private Sub Command1_Click()
    Dim i, mul As Integer

    mul = 1

    For i = 1 To 10
        mul = mul * 2
        Print i, mul
    Next i

End Sub
```

4-1 5~20까지 정수의 합을 구하는 중 변수가 80이 되면 중단하고 5~8까지 합을 구하는 순서도를 완성하시오.

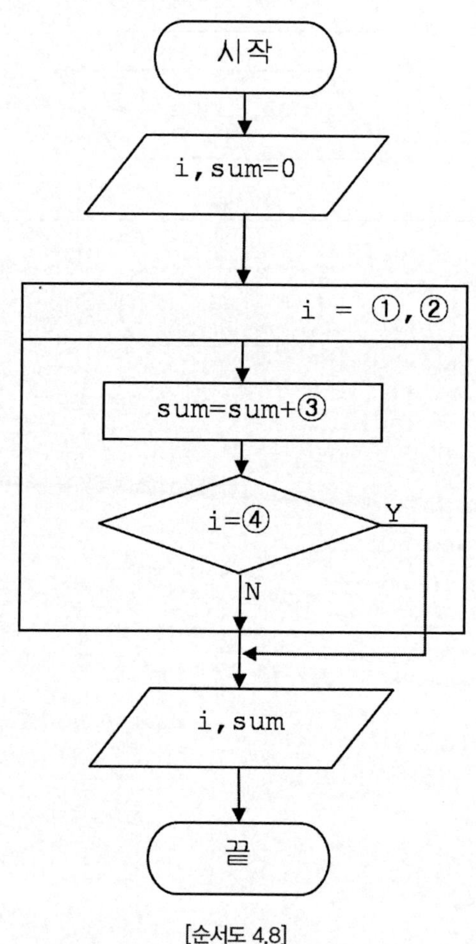

[순서도 4.8]

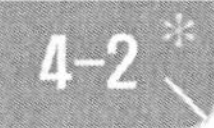

4-2 3~8까지의 합을 구하고 홀수의 개수를 구하는 순서도를 완성하시오.

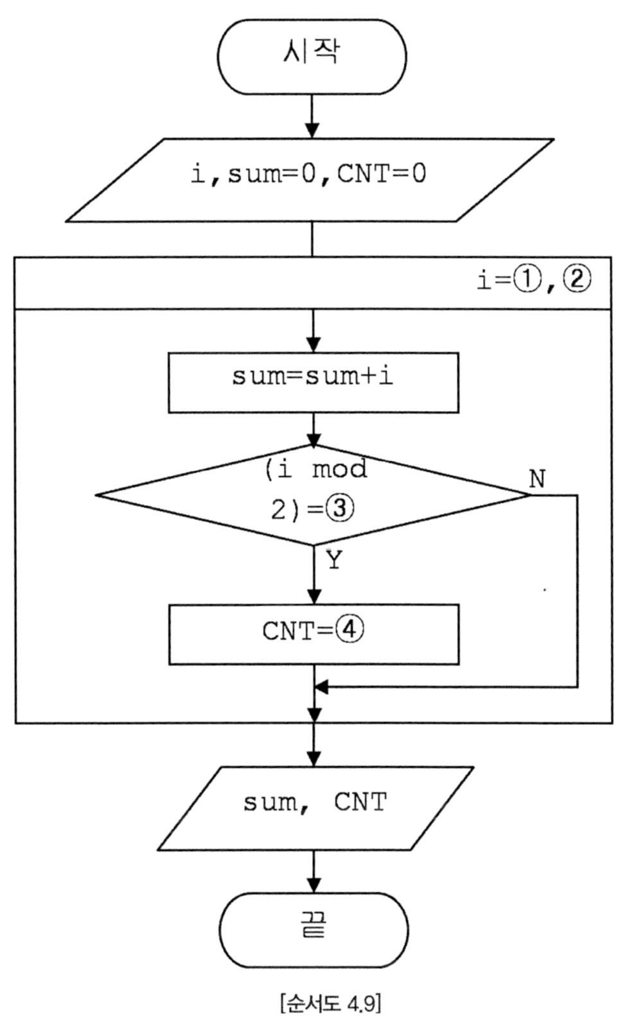

[순서도 4.9]

입력된 수는 A, B이고 두 수 중에서 큰 수는 A, 작은 수는 B로 하고 큰 수, 작은 수 순서로 출력하는 순서도를 완성하시오.

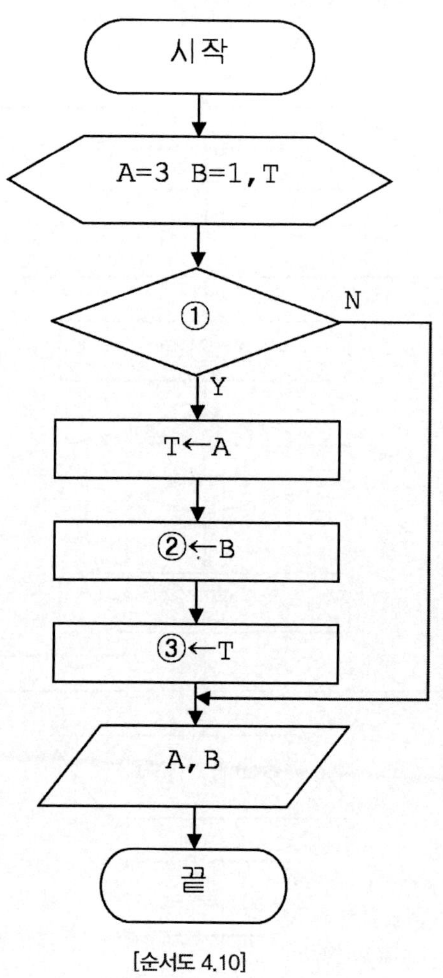

[순서도 4.10]

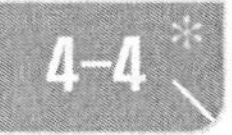

4-4 2~5까지 3^n (n=2,3,4,5)을 출력하는 순서도를 완성하시오.

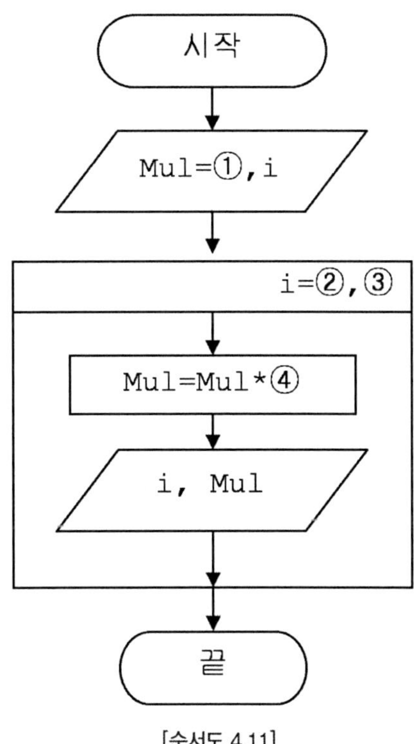

[순서도 4.11]

CHAPTER 05

중복 순환구조

| CHAPTER 05 | 중복 순환구조

이 장에서는 중복 순환구조에 관해 기술한다.
중복 순환구조는 순환구조 속에 순환구조가 있는 이중 순환 구조
이며, 순환구조의 연속이다. 중복 순환 구조를 이해하기 위하여
구구단, 삼각형모양, 알파벳 출력, 소수, 약수, 팩토리알 계산하기
등의 문제를 해결 하므로써 중복 순환구조를 이해하고 숙달한다.

이 장의 구성

5-1. 구구단 구하기
5-2. 삼각형모양 만들기
5-3. 알파벳 출력하기
5-4. 소수 구하기
5-5. 약수 구하기
5-6. 5! 계산하기

CHAPTER 05

중복 순환구조

5-1 구구단 구하기

중복 순환은 순환구조 속에 다시 순환구조가 있는 구조를 의미한다. 구구단은 1단에서 9단까지 있고 각 단마다 1에서 9까지 변하게 된다. 1단에서 9단의 단이 외부 순환이면 각 단에서 1에서 9까지 변하는 것은 내부순환이 된다.

다음과 같은 구구단 표가 되도록 순서도를 작성하여 보자.

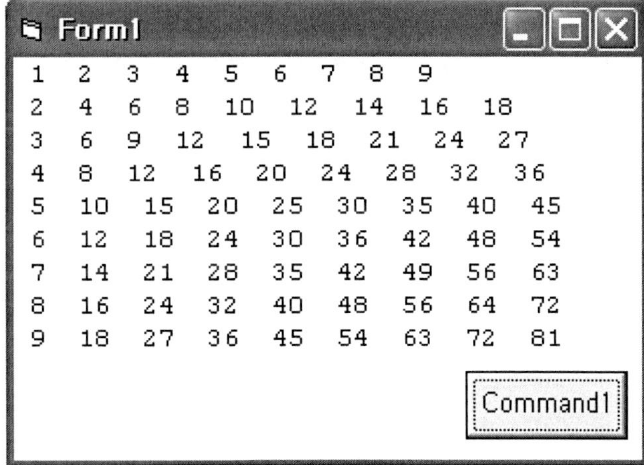

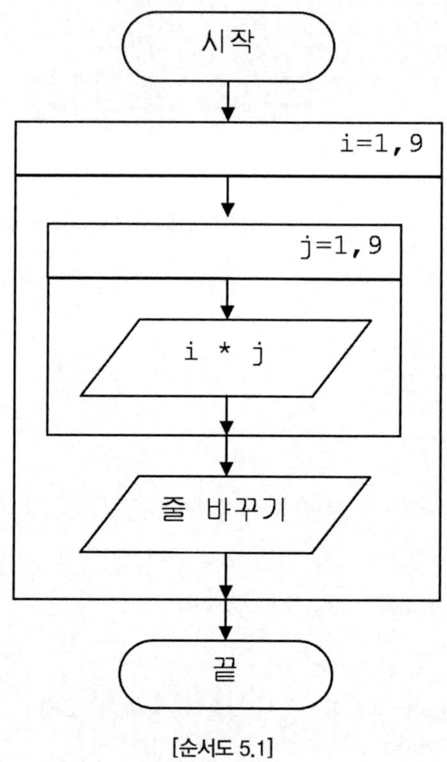

[순서도 5.1]

'p05-1

```
Private Sub Command1_Click()
    Dim i, j As Integer

    For i = 1 To 9
        For j = 1 To 9
            Print i * j;
        Next j
        Print
    Next i

End Sub
```

5-2 ※ 삼각형 모양 만들기

"*" 기호를 이용하며 첫 행은 1개, 둘째 행은 2개로 행이 증가하면 "*"도 하나씩 증가하여 아래와 같은 삼각형을 만들어 보자

```
출력모양
*
* *
* * *
* * * *
* * * * *
```

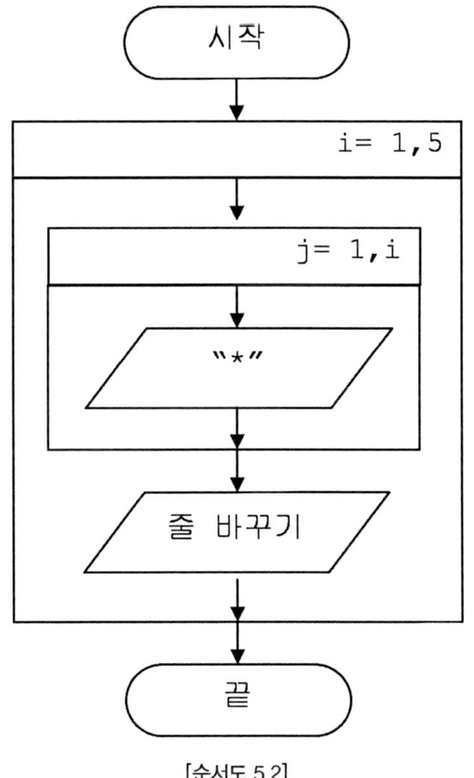

[순서도 5.2]

```
'p05-2

Private Sub Command1_Click()
    Dim i, j As Integer

    For i = 1 To 5
       For j = 1 To i
          Print "*";
       Next j
       Print
    Next i

End Sub
```

5-3 ☀ 알파벳 출력하기

아래와 같은 알파벳을 아스키 코드(부록1)를 이용하여 출력하며 보자. 비주얼 베이직에서 아스키 코드의 값에 해당하는 문자를 출력 하는 명령은 Chr(code)이다. 만약 code = 65이면 Chr(code) 명령은 "A"의 값이 된다.

```
A B C D E
B C D E F
C D E F G
D E F G H
E F G H I
```

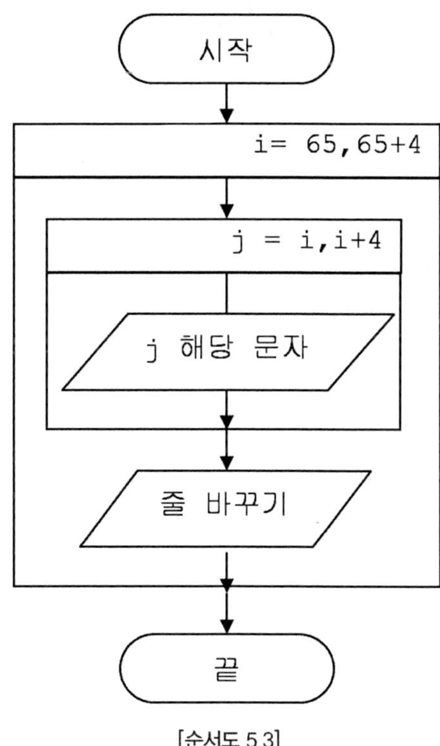

[순서도 5.3]

```
'p05-3

Private Sub Command1_Click()
    Dim i, j As Integer

    For i = 65 To 65 + 4
        For j = i To i + 4
            Print Chr(j);
        Next j
        Print
    Next i

End Sub
```

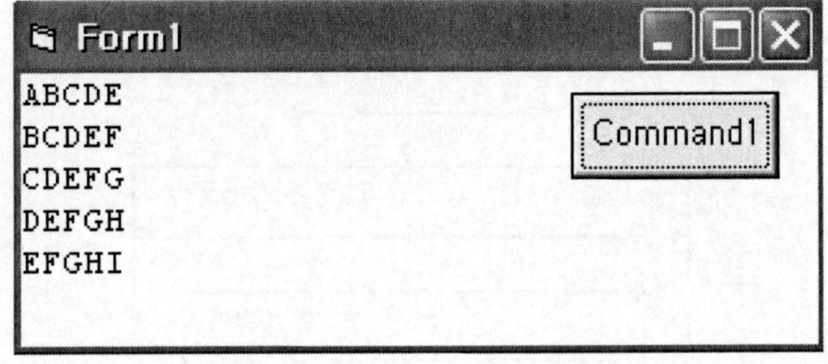

5-4 ❋ 소수

2~10까지의 수 중에서 소수를 구하여 보자.

소수(prime number)는 임의의 수 N에서 1과 자기 자신의 수 N으로만 나누어지는 수를 의미한다. 예를 들어 7은 1과 7로 만 나누어지므로 소수이고 1에서 10까지는 2, 3, 5, 7이 소수가 된다

소수를 구하는 방법은 임의의 수 N 이 있으면 2부터 N까지 계속 나누어서 나머지가 0 이 되는 경우가 자기 자신의 수 N 외에 있으면 소수가 아니며 4는 2로 나누어 나머지가 0 이므로 소수가 아니다

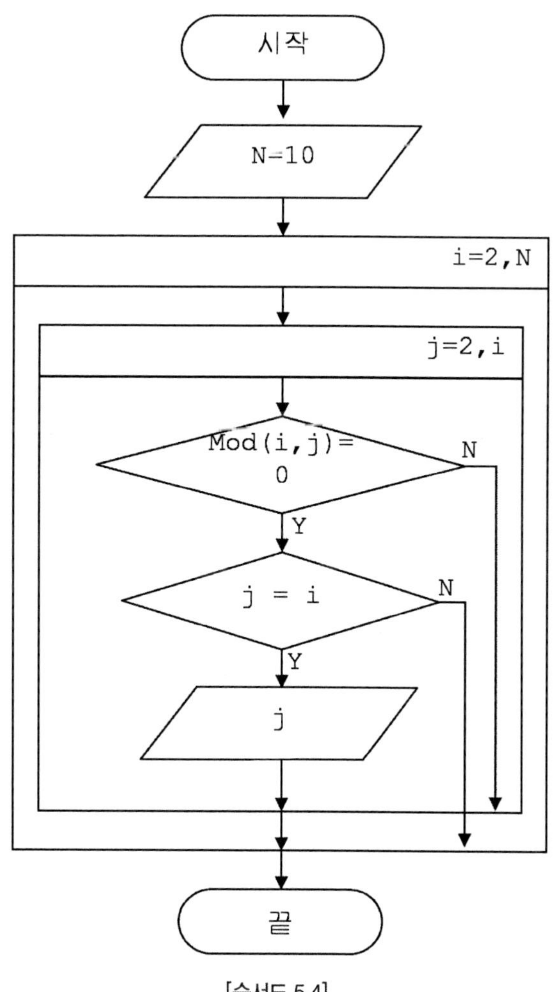

[순서도 5.4]

```
'p05-4

Private Sub Command1_Click()
    Dim N, i, j As Integer

    N = 10

    For i = 2 To N
        For j = 2 To i
            If (i Mod j) = 0 Then
                If j = i Then
                    Print j
                Else
                    Exit For
                End If
            End If
        Next j

    Next i

End Sub
```

5-5 ❋ 약수

약수는 임의의 수 N에서 1과 자기 자신의 수 N을 포함하고 어떤 수로 나누어 지는 수를 의미한다. 예를 들어 6은 2, 3으로 나누어지므로 약수는 1, 2, 3, 6이 된다.

10의 약수를 구하며 보자.

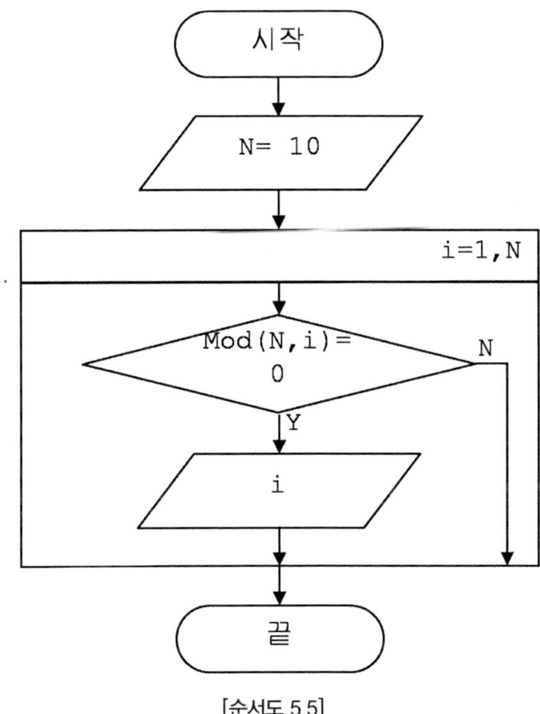

[순서도 5.5]

```
'p05-5

Private Sub Command1_Click()
    Dim N As Integer


    N = 10
    For i = 1 To N
        If (N Mod i) = 0 Then
            Print i;
        End If
    Next i


End Sub
```

5-6 * 5! 계산하기

5! = 1*2*3*4*5 이므로 임의의 수 N의 N 팩토리얼은 1부터 N까지 곱하면 가능하다.

$$5! = 1 * 2 * 3 * 4 * 5$$

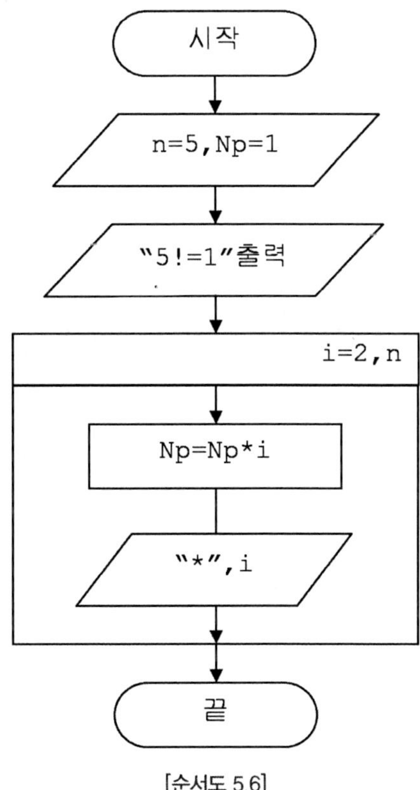

[순서도 5.6]

```
'p05-6

Private Sub Command1_Click()
    Dim N, NP As Integer
    N = 5: NP = 1

    Print N; "! = 1 ";

    For i = 2 To N
        NP = NP * i
        Print "*"; i;
    Next i

    Print "="; NP

End Sub
```

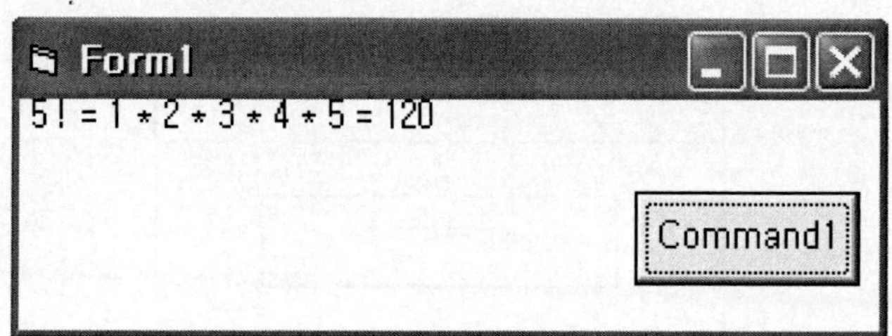

5-1 다음과 같은 모양으로 "*"를 출력하는 순서도를 완성하시오.

```
* * * * *
* * * *
* * *
* *
*
```

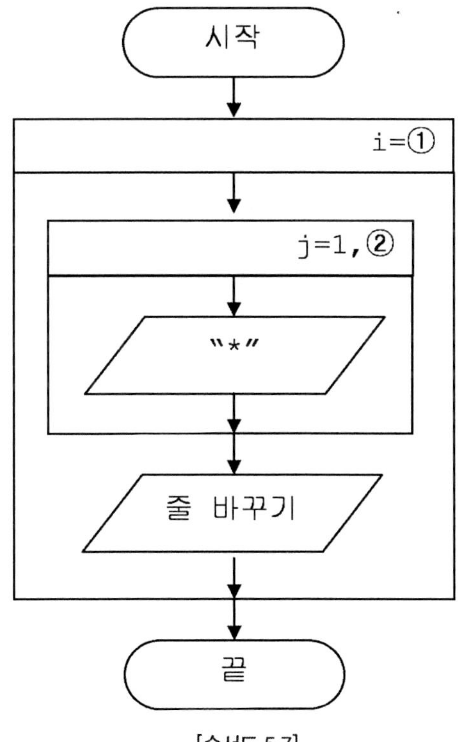

[순서도 5.7]

5-2 다음과 같은 알파벳을 아스키코드를 이용하여 출력하도록 순서도를 완성하시오.

```
BCDEFG
CDEFGH
DEFGHI
EFGHIJ
```

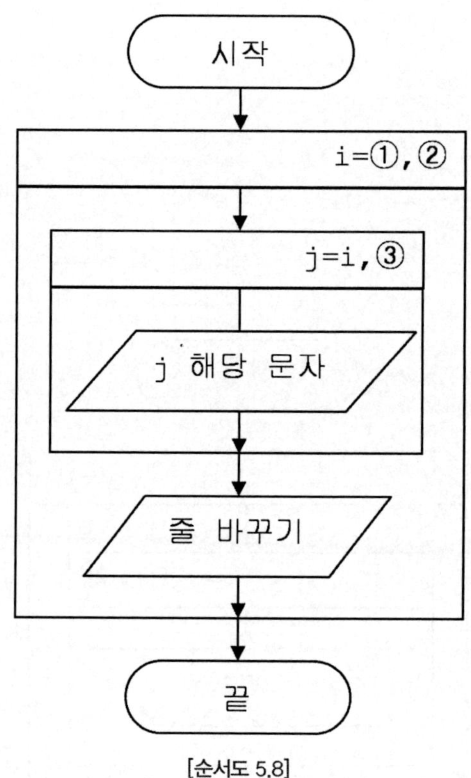

[순서도 5.8]

5-3 10~20까지 수 중 소수를 구하도록 순서도를 완성하시오.

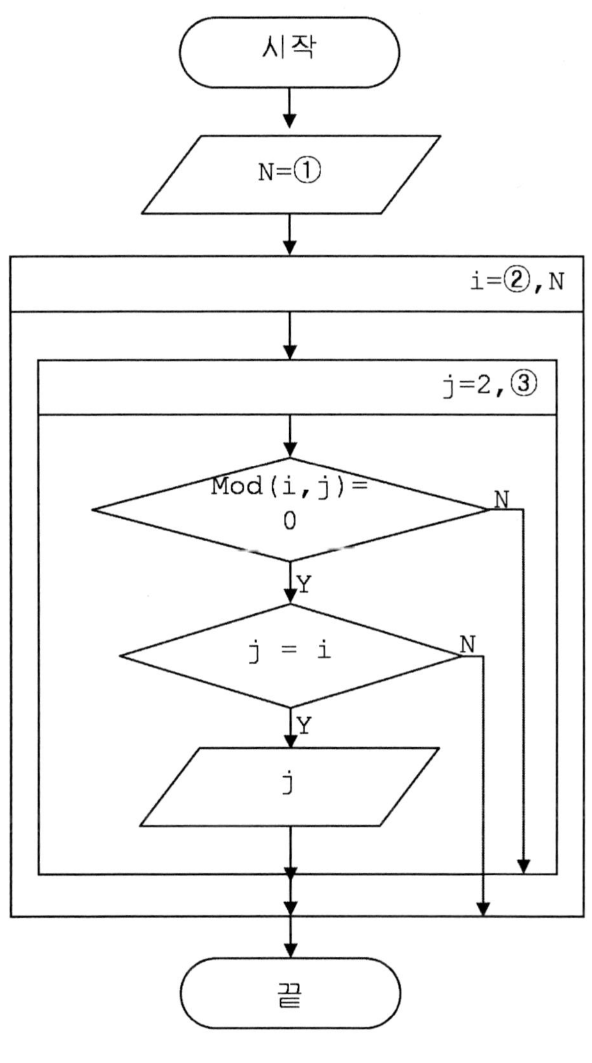

[순서도 5.9]

 20의 약수를 구하도록 순서도를 완성하시오.

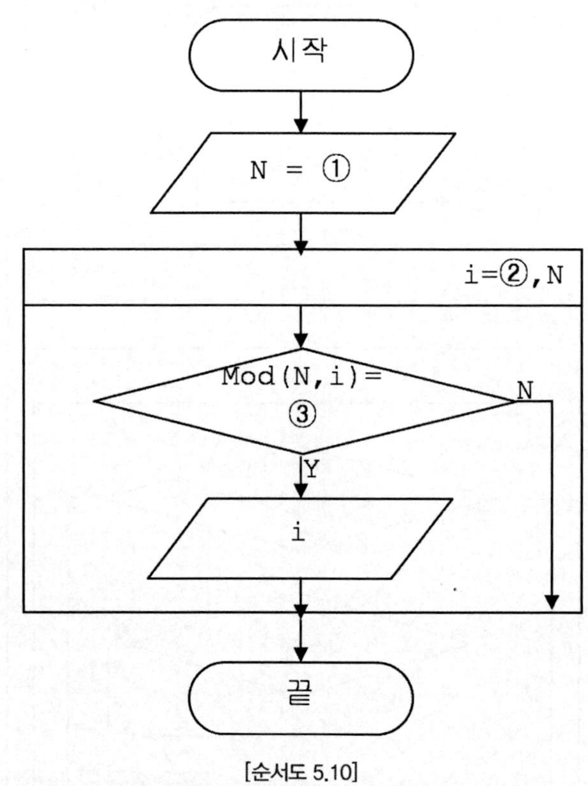

[순서도 5.10]

CHAPTER 06

배 열

학습목표

이 장에서는 1차원 배열, 2차원 배열에 관해 기술한다.
배열이란 같은 종류의 데이터를 처리하는 방법이며 여러 차원의
배열 중에서 1차원 배열이 가장 많이 사용된다. 1차원 배열, 2차
원 배열의 이해, 2차원 배열에서 행 우선, 열 우선 방법을 사용하
여 봄으로써 배열 구조를 이해하고 숙달한다.

이 장의 구성

6-1. 1차원 배열의 합과 평균
6-2. 1차원 배열 데이터 입력
6-3. 2차원 배열
6-4. 2차원 배열에 행우선 입력
6-5. 2차원 배열에 열우선 입력
6-6. 2차원 배열에 삼각형 모양으로 채우기

CHAPTER 06

배 열

배열이란 같은 종류의 데이터를 연속적으로 보관하는 기억장소를 의미하며 배열이름과 괄호로 둘러싸인 인덱스를 이용하여 접근 할 수 있다. 각각의 변수를 배열의 원소라고 하며 만약 A(5)로 선언되면 비주얼 베이직에서는 A(0), A(1), A(2), A(3), A(4), A(5)의 6개 원소로 구성되며 인덱스 위치에는 A(3), A(i), A(i+3) 등 으로 상수, 변수, 수식으로 표현이 가능하며 인덱스의 값은 정수 값 이어야 한다.

1차원 배열이란 인덱스의 개수가 A(5)와 같이 1개 이며 A(2,3)이면 인덱스의 개수가 2개 이므로 2차원 배열이 된다.

6-1 1차원 배열의 합과 평균

1차원 배열을 이용하여 합과 평균을 구하여 보자.

[표 6.1]

	국어	영어	수학	과학	사회
홍길동	87	80	90	85	83
A(i)	A(1)	A(2)	A(3)	A(4)	A(5)

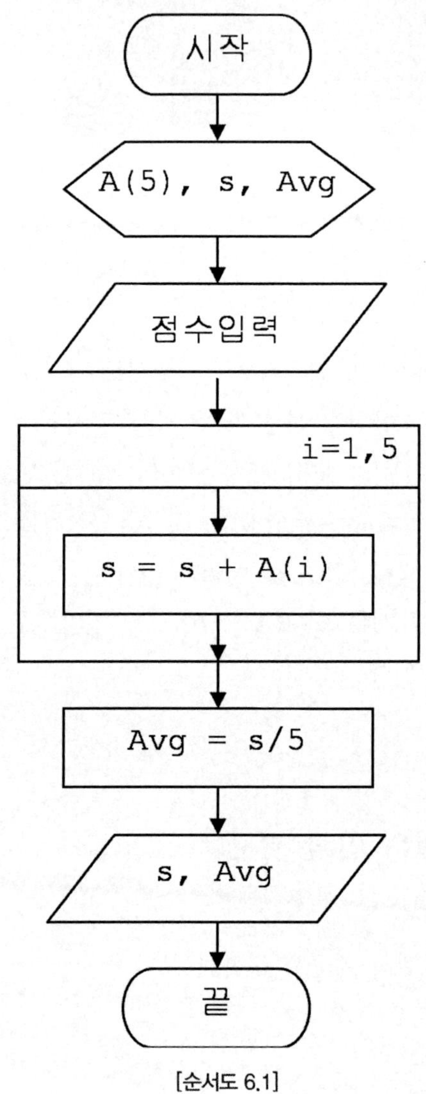

[순서도 6.1]

'p06-1

```
Private Sub Command1_Click()
    Dim A(5), s, i As Integer
    Dim Avg As Single

    A(1) = 87: A(2) = 80: A(3) = 90: A(4) = 85: A(5) = 83

    For i = 1 To 5
        s = s + A(i)
    Next i

    Avg = s / 5
    Print "s="; s
    Print "Avg="; Avg
End Sub
```

1차원 배열에 다음 데이터를 입력 하고 합과 평균을 구하여 보자.

배열에 데이터는 변수를 이용하여 입력하자.

[표 6.2]

배열	A(1)	A(2)	A(3)	A(4)	A(5)
데이터	1	2	3	4	5

'p06-2

```
Private Sub Command1_Click()
    Dim A(5), s, i As Integer
    Dim Avg As Single

    For i = 1 To 5
        A(i) = i
    Next i

    For i = 1 To 5
        s = s + A(i)
    Next i

    Avg = s / 5
    Print "s="; s
    Print "Avg="; Avg

End Sub
```

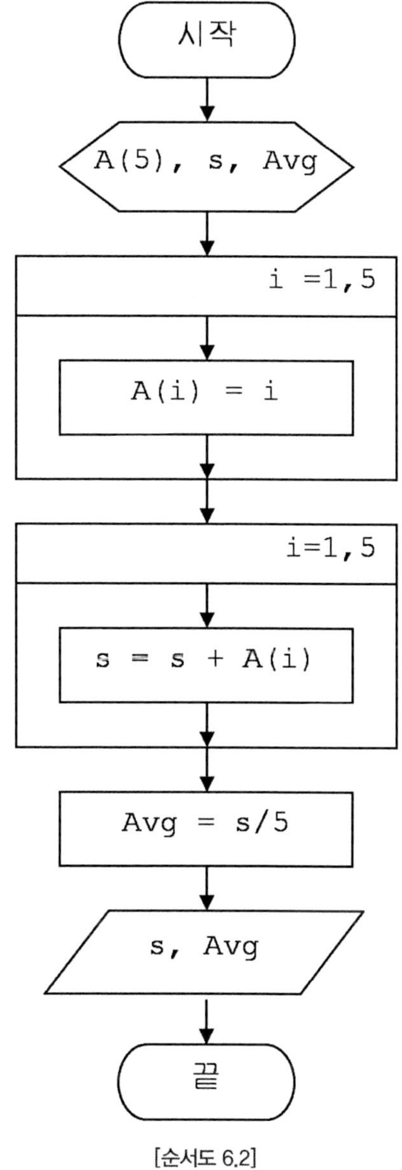

[순서도 6.2]

2차원 배열이란 표 6.3(a)의 A(3,4)와 같이 괄호안의 인덱스의 개수가 2개 이므로 2차원 배열이라 하고 표 6.3(a)와 같이 원소를 구분 한다. 여기서 A(2,3)은 2행 3열의 원소를 의미 한다. 여기서 2행의 원소는 A(2,1), A(2,2), A(2,3), A(2,4)로 4개 이며 3열의 원소는 A(1,3), A(2,3), A(3,3)으로 3개가 된다. 행(row)은 가로의 원소 모두, 열(column)은 세로의 원소 모두를 의미한다.

[표 6.3(a)] 2차원 배열 A(3,4)

	1열	2열	3열	4열
1행	(1,1)	(1,2)	(1,3)	(1,4)
2행	(2,1)	(2,2)	(2,3)	(2,4)
3행	(3,1)	(3,2)	(3,3)	(3,4)

표 6.3(b)와 같이 A, B, C 3명 학생의 국어, 영어, 수학, 과학 점수인 경우 각 학생의 평균 점수를 구하며 하자.

[표 6.3(b)] 2차원 배열 A(3,4)

과목 / 학생	국어	영어	수학	과학		s(i)	Avg(i)
A	85	80	90	85		s(1)	Avg(1)
B	95	90	85	90		s(2)	Avg(2)
C	90	90	100	100		s(3)	Avg(3)

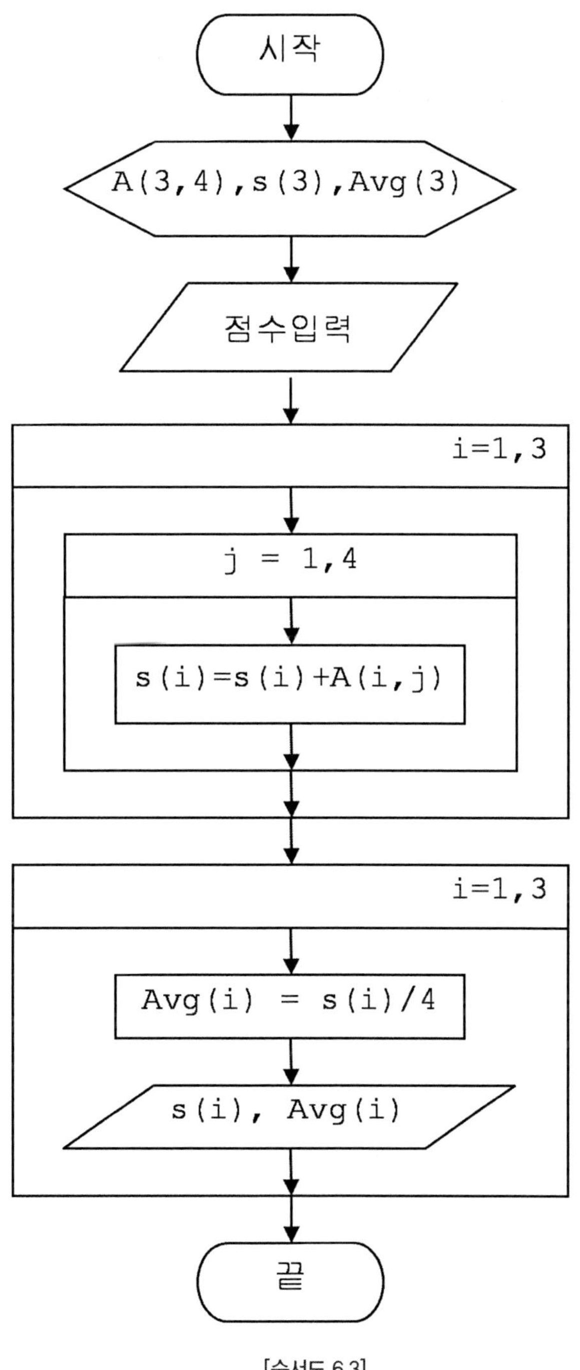

[순서도 6.3]

```vb
'p06-3

Private Sub Command1_Click()
    Dim A(3, 4), s(3), i, j As Integer
    Dim Avg(3) As Single

    A(1, 1) = 85: A(1, 2) = 80: A(1, 3) = 90: A(1, 4) = 85
    A(2, 1) = 95: A(2, 2) = 90: A(2, 3) = 85: A(2, 4) = 90
    A(3, 1) = 90: A(3, 2) = 90: A(3, 3) = 100: A(3, 4) = 100

    For i = 1 To 3
        For j = 1 To 4
            s(i) = s(i) + A(i, j)
        Next j
    Next i


    For i = 1 To 3
        Avg(i) = s(i) / 4
        Print "s("; i; ")="; s(i);
        Print "Avg("; i; ")="; Avg(i);
        Print

    Next i
End Sub
```

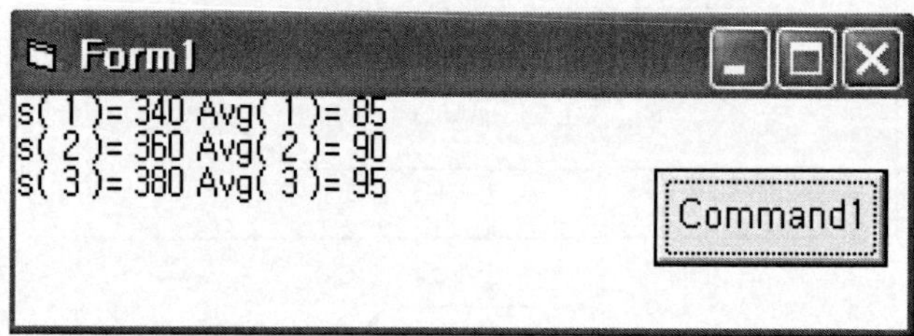

6-4 ❊ 2차원 배열에 데이터 입력(행 우선)

2차원 배열에 표 6.4 같은 데이터를 입력하여보자. 인덱스가 (1,1)일 때 1로 시작하며 1행에서 열이 증가 할 때 마다 1이 증가하고 1행이 끝나면 다음 행에서 열이 증가 하면 1이 증가 한다.

[표 6.4] 2차원 배열

	1열	2열	3열	4열
1행	(1,1)	(1,2)	(1,3)	(1,4)
2행	(2,1)	(2,2)	(2,3)	(2,4)
3행	(3,1)	(3,2)	(3,3)	(3,4)

1	2	3	4
5	6	7	8
9	10	11	12

'p06-4

```
Private Sub Command1_Click()
    Dim A(3, 4), V As Integer
    V = 1

    For i = 1 To 3
        For j = 1 To 4
            A(i, j) = V
            V = V + 1
        Next j
    Next i

    For i = 1 To 3
        For j = 1 To 4
            Print A(i, j);
        Next j
        Print
    Next i
End Sub
```

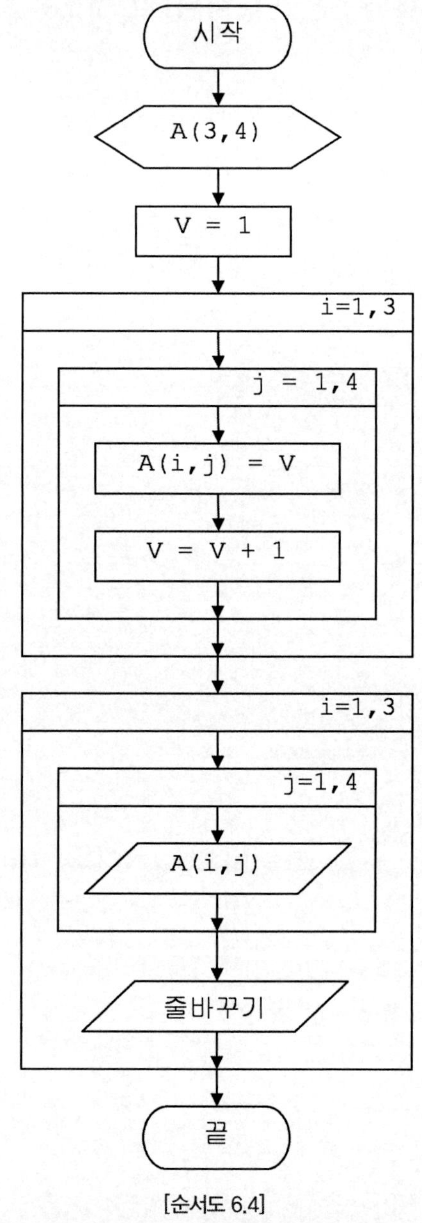

[순서도 6.4]

6-5 ✳ 2차원 배열에 데이터 입력(열 우선)

2차원 배열에 표 6.5와 같은 데이터를 입력하여 보자.

인덱스가 (1,1)일 때 1로 시작하며 1열에서 행이 증가할 때 마다 1이 증가하고 1열이
끝나면 다음 열에서 행이 증가하면 1이 증가 한다.

[표 6.5] 2차원 배열

	1열	2열	3열	4열
1행	(1,1)	(1,2)	(1,3)	(1,4)
2행	(2,1)	(2,2)	(2,3)	(2,4)
3행	(3,1)	(3,2)	(3,3)	(3,4)

1	4	7	10
2	5	8	11
3	6	9	12

'p06-5

```
Private Sub Command1_Click()
    Dim A(3, 4), V As Integer
    V = 1

    For j = 1 To 4
        For i = 1 To 3
            A(i, j) = V
            V = V + 1
        Next i
    Next j

    For i = 1 To 3
        For j = 1 To 4
            Print A(i, j);
        Next j
        Print
    Next i
End Sub
```

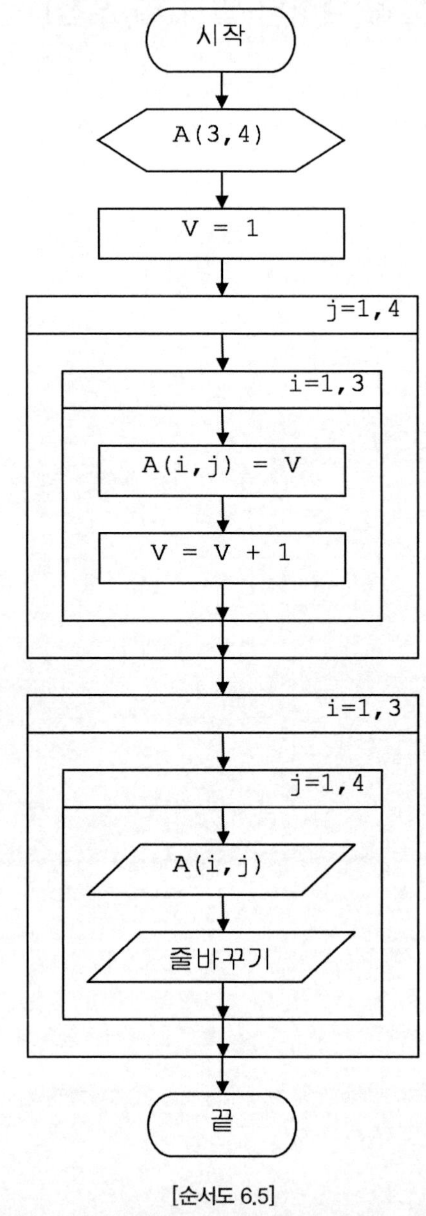

[순서도 6.5]

6-6 ✱ 2차원 배열에 삼각형 모양으로 채우기

2차원 배열 A(4,4)에 표 6.6와 같은 삼각형 모양으로 원소에 값을 입력하여 보자.

각 원소는 A(1,1)=1에서 시작하여 1 씩 증가하여 A(1,1), A(2,2), A(3,3), A(4,4)가 경계선이 된다.

[표 6.6] 2차원 배열

(1,1)	(1,2)	(1,3)	(1,4)
(2,1)	(2,2)	(2,3)	(2,4)
(3,1)	(3,2)	(3,3)	(3,4)
(4,1)	(4,2)	(4,3)	(4,4)

1	2	3	4
0	5	6	7
0	0	8	9
0	0	0	10

1행은 열이 1, 2, 3, 4 까지 변화

2행은 열이 　2, 3, 4 까지 변화

3행은 열이 　　3, 4 까지 변화

4행은 열이 　　　4 까지 변화하며

행의 값과 열의 시작 값이 같음을 알 수 있다.

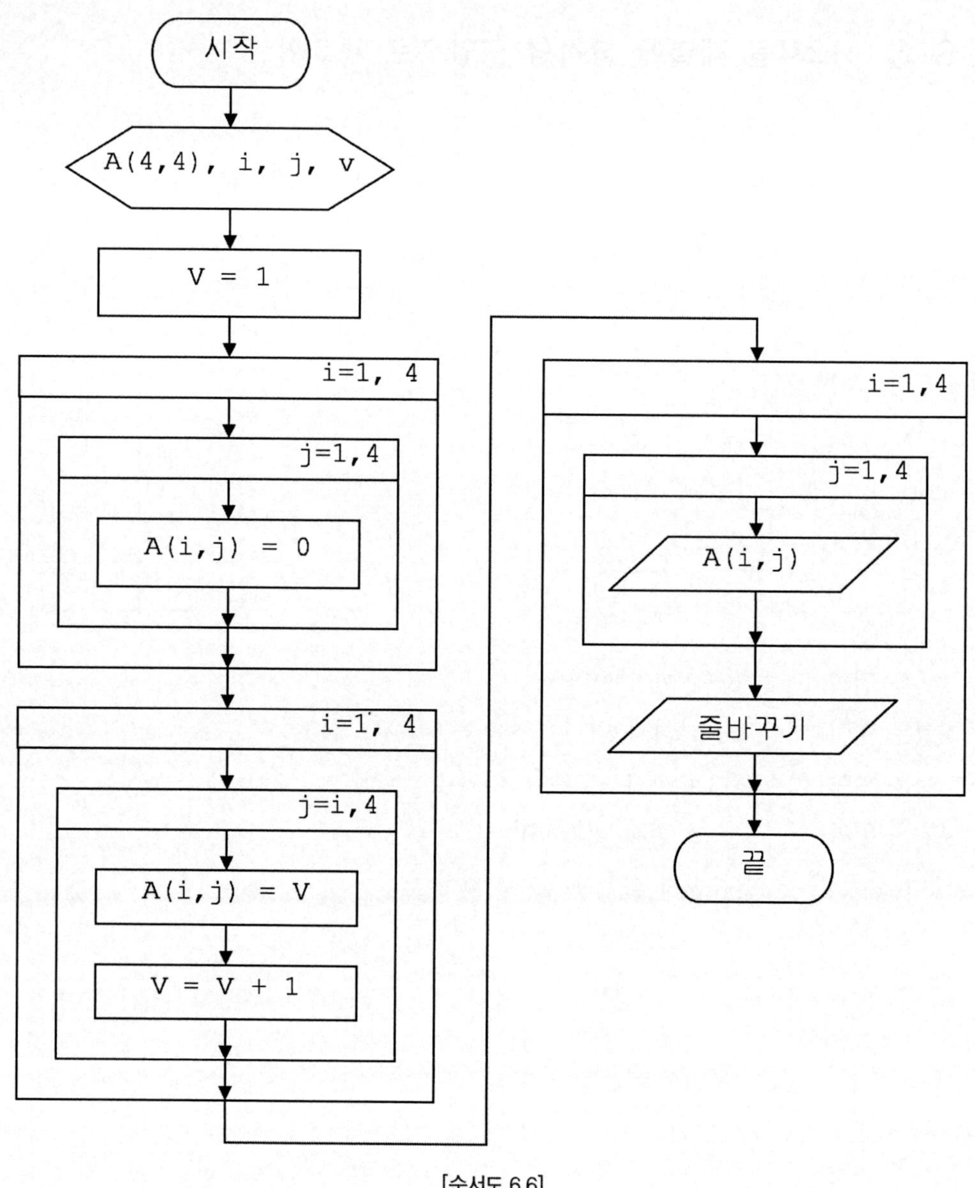

[순서도 6.6]

'p06-6

```
Private Sub Command1_Click()
    Dim A(4, 4), i, j, V As Integer
    V = 1

    For i = 1 To 4
        For j = 1 To 4
            A(i, j) = 0
        Next j
    Next i

    For i = 1 To 4
        For j = i To 4
            A(i, j) = V
            V = V + 1
        Next j
    Next i

    For i = 1 To 4
        For j = 1 To 4
            Print A(i, j);
        Next j
        Print
    Next i
End Sub
```

6-1 일차원 배열에 다음과 데이터가 있는 경우 합과 평균을 구하기 위한 순서도를
완성하시오.

배열	A(2)	A(3)	A(4)	A(5)
데이터	80	85	95	100

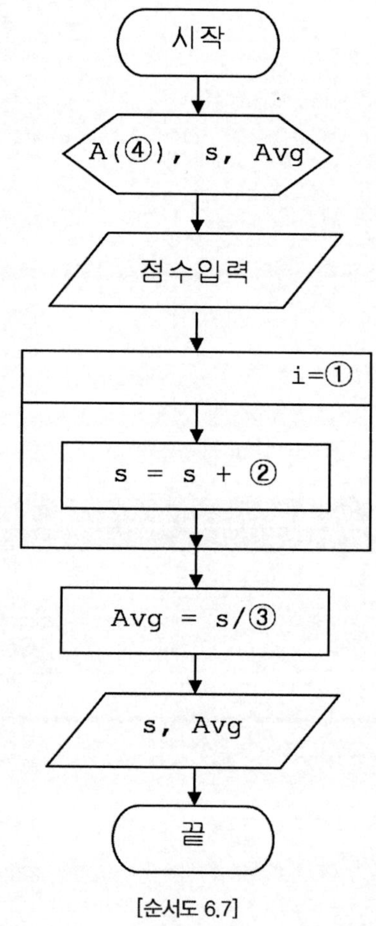

[순서도 6.7]

6-2 1차원 배열에 다음 데이터의 합과 평균을 구하는 순서도를 완성하시오.

배열	A(2)	A(3)	A(4)	A(5)	A(6)
데이터	1	2	3	4	5

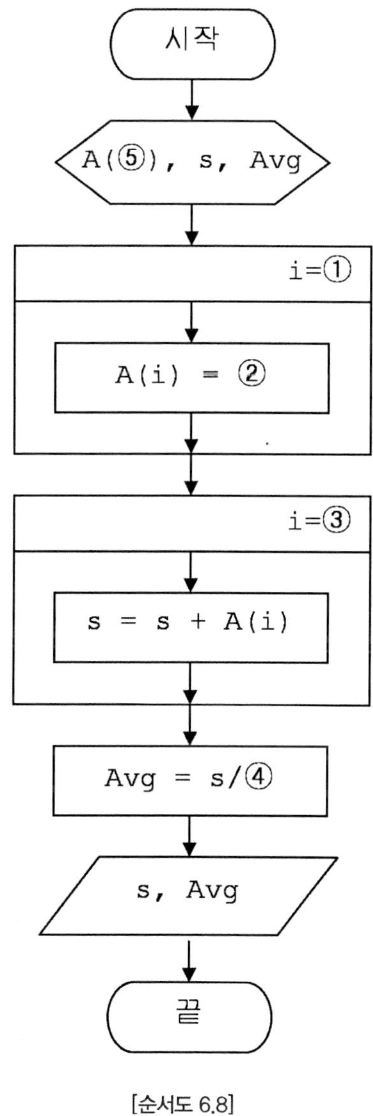

[순서도 6.8]

 2차원 배열에 다음 데이터를 입력하고 출력 할 수 있는 순서도를 완성하시오.

3	4	5
6	7	8

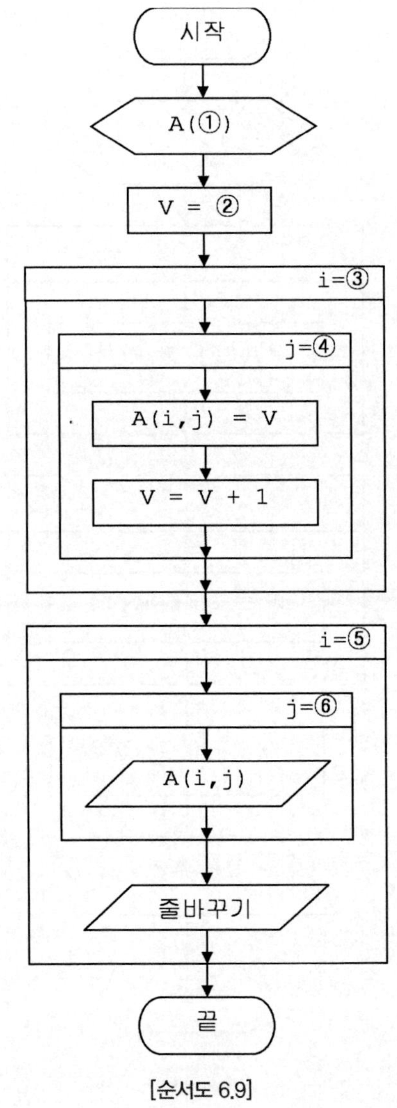

[순서도 6.9]

2차원 배열에 다음 데이터를 입력하고 출력 할 수 있는 순서도를 완성하시오.

4	7
5	8
6	9

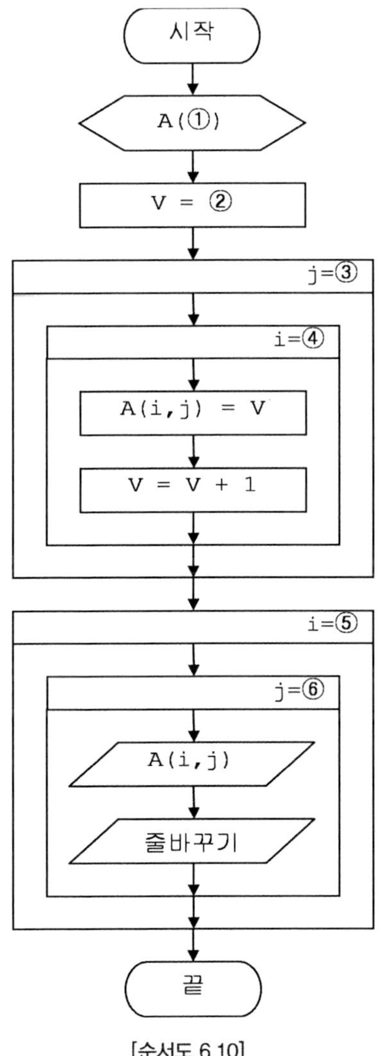

[순서도 6.10]

CHAPTER 07

문자열 함수

| CHAPTER 07 | 문자열 함수

이 장에서는 문자열에 대한 개념, 문자열의 함수에 관해 기술한
다.
프로그램에서 문자열 처리는 프로그램의 수준을 한 단계 올릴 수
있는 도구가 된다
문자열 처리 명령은 문자열 길이, 문자열 부분 처리, 문자열 변환,
소문자와 대문자처리 명령 등으로 구분하여 기술하며 응용력을
향상시키기 위하여 문자열 역순처리, 문자를 변경, 문자열 분리
등의 문제를 이해하고 숙달한다.

이 장의 구성

7-1. 문자열 길이 명령
7-2. 부분 문자열 명령
7-3. 문자열 변환 명령
7-4. 대문자와 소문자 명령
7-5. 문자열 역순
7-6. 문자 변경
7-7. 문자열 분리

문자열 함수

문자열(string)은 연속된 문자들의 모임이며 문자열 데이터를 필요에 의해 재구성 할 수 있도록 정의 해둔 함수들을 문자열 함수라고 하며, 대표적인 함수는 Len, Left, Right, Mid, Chr, Asc, Str, Val, Lcase, Ucase, InStr, Trim 등이 있다.

7-1 문자열 길이 명령

■ Len(문자열 또는 변수명)

문자열 또는 변수를 저장하는데 필요한 바이트 수를 반환하여 문자열인 경우 문자열의 길이가 되며 문자로 정의 했지만 strB = ""와 같이 문자가 없는 경우 문자열의 길이는 0이 된다.

```
strA = "abcde12"
strAlen = Len(strA)          '7 바이트 문자열
strlen = Len("ABCD")         '4 바이트 문자열

Dim intA As Integer
Dim dblD As Double
intA = 1: dblD = 3.1

intAlen = Len(intA)          '2바이트 변수저장
dblDlen = Len(dblD)          '4바이트 변수저장
```

```vb
'p07-1
Private Sub Command1_Click()
    Dim A As Integer, B As Long, C As Single
    Dim D As Double
    Dim strA As String
    Dim strB As String

    A = 123
    B = 123456789
    C = 1.123456789
    D = 1.12345678901235
    Print A, B, C, D

    strA = "abcde12"
    strB = ""
    Print "123" & strB & strA
    Print "123" + strB + strA

    Print "abcde12:"; Len(strA)
    Print ""; Len(strB)

    Print "Integer:"; Len(A)
    Print "Long:"; Len(B)
    Print "Single:"; Len(C)
    Print "Double:"; Len(D)
End Sub
```

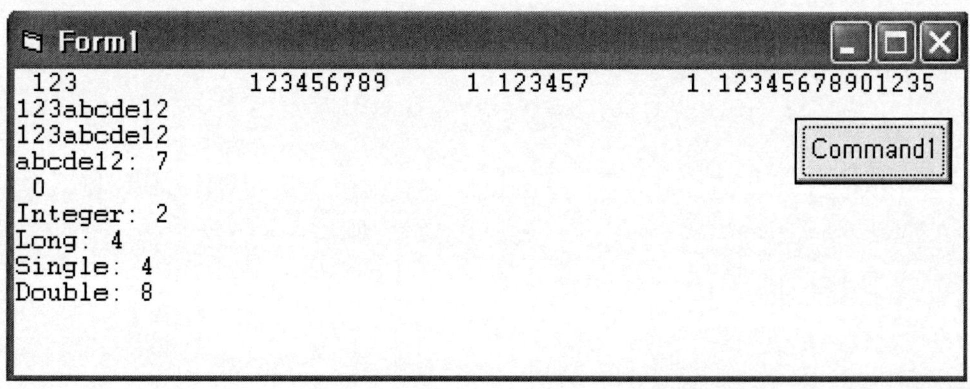

7-2 **부분 문자열 명령**

■ Left (문자열, 길이)

문자열의 왼쪽부터 지정한 길이만큼 문자를 반환한다.

■ Right (문자열, 길이)

문자열의 오른쪽부터 지정한 길이만큼 문자를 반환한다.

■ Mid (문자열, 시작위치, 길이)

문자열에서 시작위치 부터 지정한 길이만큼 반환한다.

```
strA = "abcde12"
Print Left(strA, 3)             'abc 출력
Print Right(strA, 2)            '12  출력
Print Mid(strA, 2, 3)           'bcd 출력


Print Len(Mid(strA, 2, 3))      '3    출력
```

'p07-2

```
Private Sub Command1_Click()
    Dim strA As String

    strA = "abcde"

    Print Left(strA, 3)
    Print Right(strA, 2)
    Print Mid(strA, 2, 3)

    Print
    Print Len(Left(strA, 3))
    Print Len(Right(strA, 2))
    Print Len(Mid(strA, 2, 3))

End Sub
```

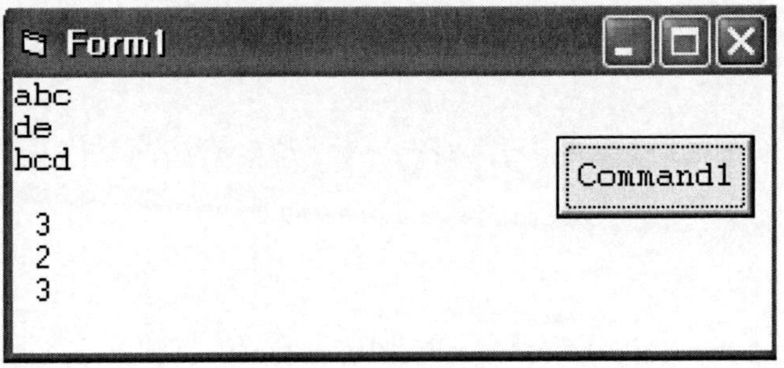

7-3 ※ 문자열 변환 명령

■ Asc(문자)

지정하는 문자의 아스키 코드를 반환하며 문자열인 경우 첫 문자의 아스키 코드를 반환한다.

■ Chr(아스키 코드)

지정하는 아스키 코드에 해당하는 문자를 반환한다.

■ Val(문자열)

문자열로 표현된 숫자를 수치로 반환한다.

■ Str(숫자)

숫자를 문자열로 반환한다.

```
Print Asc("A")                  '65 출력
Print Chr(65)                   'A  출력

strA = "13A"
Print Val(strA) + 1             '14 출력

intA = 13
Print "a" & Str(intA) & "bc"  'a 13bc 출력
```

'p07-3

```
Private Sub Command1_Click()

    Print Asc("A")
    Print Asc("a")
    Print Asc("1")
    Print Asc("ABC")

    Print Chr(65)
    Print Chr(97)
    Print Chr(49)

    Print Val("12")
    Print Val("12A") + 1

    Print Len(Str(27))
    Print Len(Str(-27))

End Sub
```

7-4 ❄ 대문자와 소문자 명령

■ **Lcase(문자열)**

문자열에서 대문자가 인 경우 소문자로 변경하여 반환한다.

■ **Ucase(문자열)**

문자열에서 소문자가 인 경우 대문자로 변경하여 반환한다.

■ **InStr(시작위치, 문자열1, 문자열2)**

문자열1에서 시작위치에서 부터 문자열2가 있는 지를 검색하여 위치를 반환한다.

■ **LTrim(문자열), RTrim(문자열), Trim(문자열)**

LTrim함수는 문자열에서 왼쪽에 있는 공백, RTrim함수는 오른쪽에 있는 공백, Trim 함수는 왼쪽과 오른쪽에 있는 공백을 모두 제거하여 반환한다.

```
strA = "abcABC"
Print LCase(strA)          'abcabc 출력

strA = "abcABC"
Print UCase(strA)          'ABCABC 출력

strA = "abcABC"
Print InStr(1, strA, "A") '4 출력
Print InStr(3, strA, "a") '0 출력

strA = "  abc ABC "
Print Trim(strA)           '"abc ABC" 출력
Print Len(Trim(strA))          '7 출력
```

'p07-4

```vb
Private Sub Command1_Click()
    Dim strA As String
    Dim strB As String
    Dim strC As String

    strA = "abc 12ABC"
    strB = "abcdeABCDE"
    strC = " abc ABC "

    Print LCase(strA)
    Print UCase(strA)

    Print InStr(1, strB, "a")
    Print InStr(1, strB, "A")
    Print InStr(1, strB, "ab")
    Print InStr(3, strB, "ab")

    Print LTrim(strC); "123"
    Print RTrim(strC); "123"
    Print Trim(strC); "123"

End Sub
```

7-5 ❋ 문자열 역순

입력된 문자열 "ABCDE"를 역순으로 출력하여 보자.

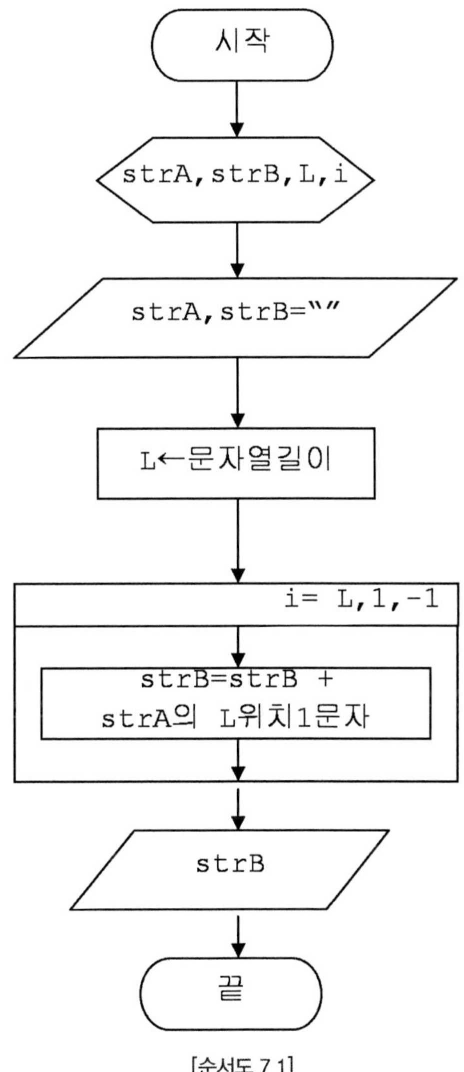

[순서도 7.1]

```
'p07-5

Private Sub Command1_Click()
    Dim strA, strB As String
    Dim L, i As Integer

    strA = "ABCDE"
    strB = ""

    L = Len(strA)

    For i = L To 1 Step -1
        strB = strB + Mid(strA, i, 1)
    Next i

    Print strA
    Print strB
End Sub
```

7-6 ✳ 문자 변경

    입력된 문자열 "ABCDEabcde"에서 "B"이면 "1"로 "cd"이면 "23"으로 변경하여 보자.

    2번째 순환구조에서 "i=1, L-1" 이며 2번째 순환구조에서는 2문자씩 비교하므로 i의 마지막 위치는 L-1이 되어야 문자열의 경계범위를 넘지 않는다.

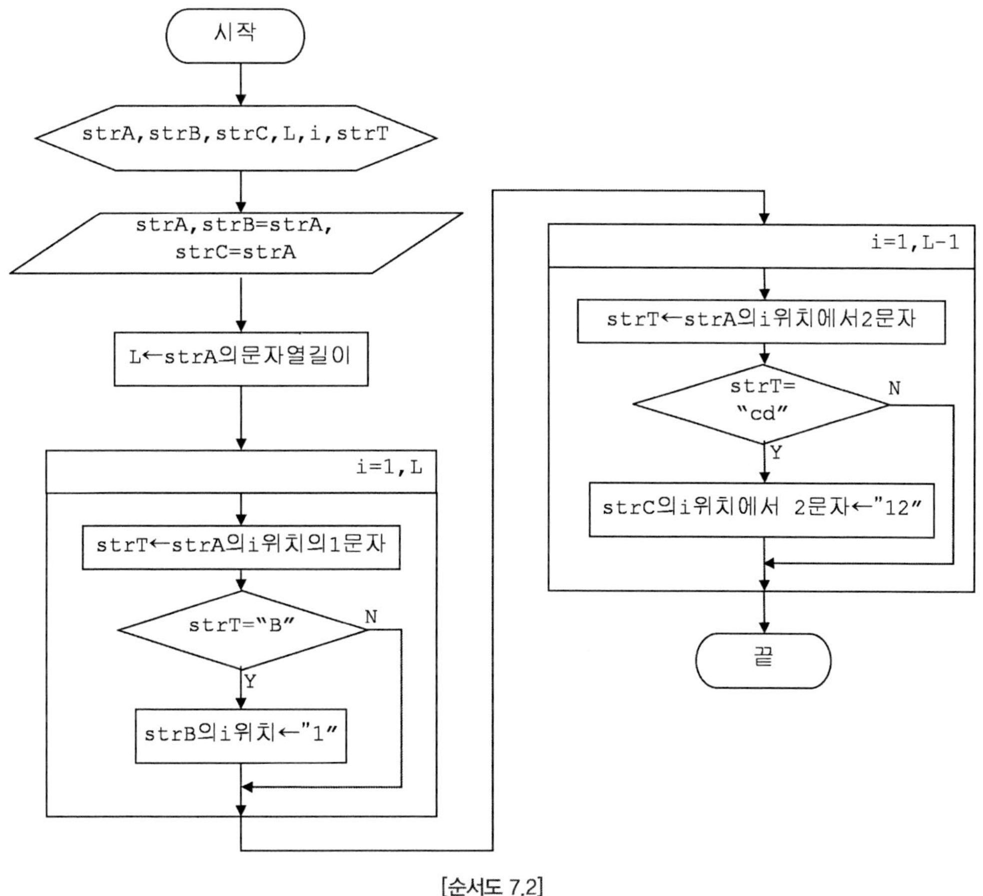

[순서도 7.2]

```
'p07-6

Private Sub Command1_Click()
    Dim strA, strB, strC, strT As String
    Dim L, i As Integer

    strA = "ABCDEabcde"
    strB = strA
    strC = strA
    L = Len(strA)

    For i = 1 To L
        strT = Mid(strA, i, 1)
        If strT = "B" Then
            Mid(strB, i, 1) = "1"
        End If
    Next i

    For i = 1 To L - 1
        strT = Mid(strA, i, 2)
        If strT = "cd" Then
            Mid(strC, i, 2) = "23"
        End If
    Next i

    Print strA
    Print strB
    Print strC
End Sub
```

7-7 문자열 분리

입력된 문자열 "ABCDE-12345"에서 "-"를 중심으로 "ABCDE"는 문자열 StrB에 입력하고 intA에는 "12345"를 수치화 하여 +1하여 입력하여 보자

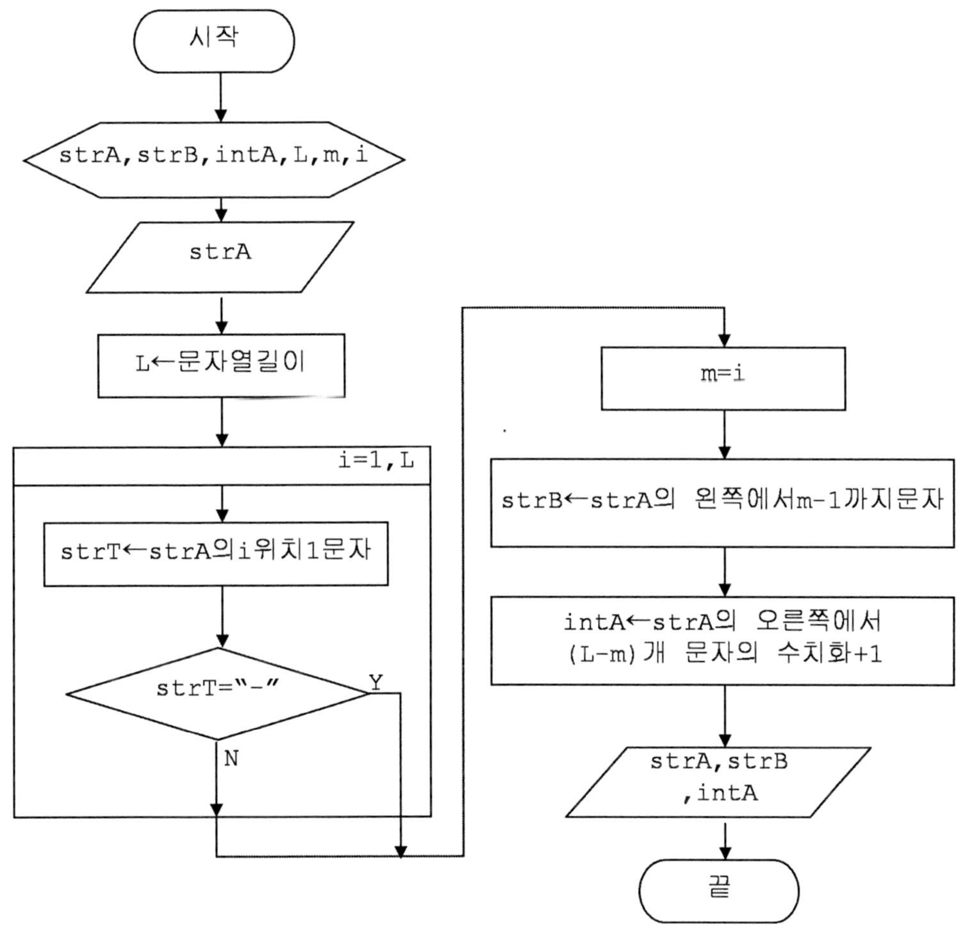

[순서도 7.3]

```
'p07-7

Private Sub Command1_Click()
    Dim strA, strB As String
    Dim L, m, intA As Integer

    strA = "ABCDE-12345"
    L = Len(strA)

    For i = 1 To L
        strT = Mid(strA, i, 1)
        If strT = "-" Then Exit For
    Next i

    m = i
    strB = Left(strA, m - 1)
    intA = Val(Right(strA, L - m)) + 1

    Print strA
    Print strB
    Print intA

End Sub
```

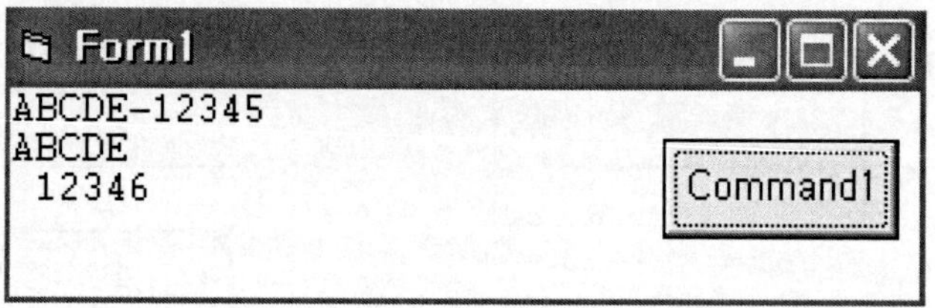

7-1 다음 프로그램의 출력 결과는 무엇인가?

```
'p07-8
Private Sub Command1_Click()
    Dim a1 As Integer: Dim a2 As Long
    Dim a3 As Double: Dim b As Boolean
    Dim strA As String

    a1 = 1234
    a2 = 1234567
    a3 = 1.23

    strA = "A BCD한글": '공백1개
    b = (3 > 2)

    Print Len(a1)
    Print Len(a2)
    Print Len(a3) :Print

    Print Len(strA)
    Print Len(b)
    Print

    Print Asc("A")
    Print Chr(65)

End Sub
```

입력된 숫자 "12345"를 문자화하여 역순으로 출력하는 순서도를 완성하고 프로그램의 출력 결과는 무엇인가?

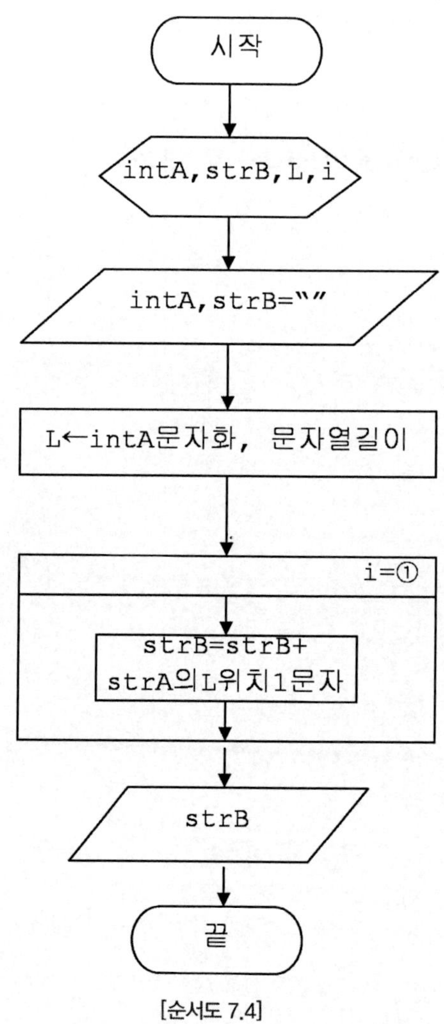

[순서도 7.4]

7-3 ＊

입력된 문자열 "ABCDEabcde"에서 "C"이면 3, "ab"이면 "67"로 변경하는
순서도를 완성하고 프로그램의 출력 결과는 무엇인가?

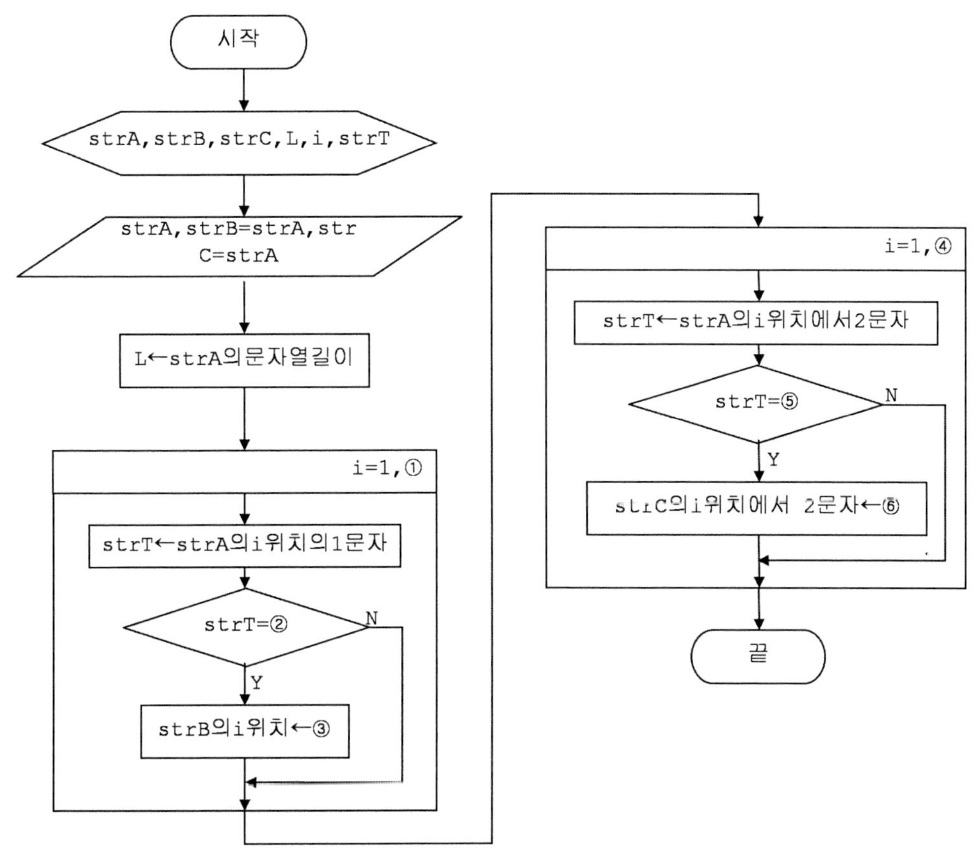

[순서도 7.5]

입력된 문자열 "12345*ABCDE"에서 "*"를 중심으로 "ABCDE"는 문자열 strB에 입력하고 intA에는 "12345"를 수치화하여 +1 하여 입력하는 순서도를 완성하고 프로그램의 출력 결과는 무엇인가?

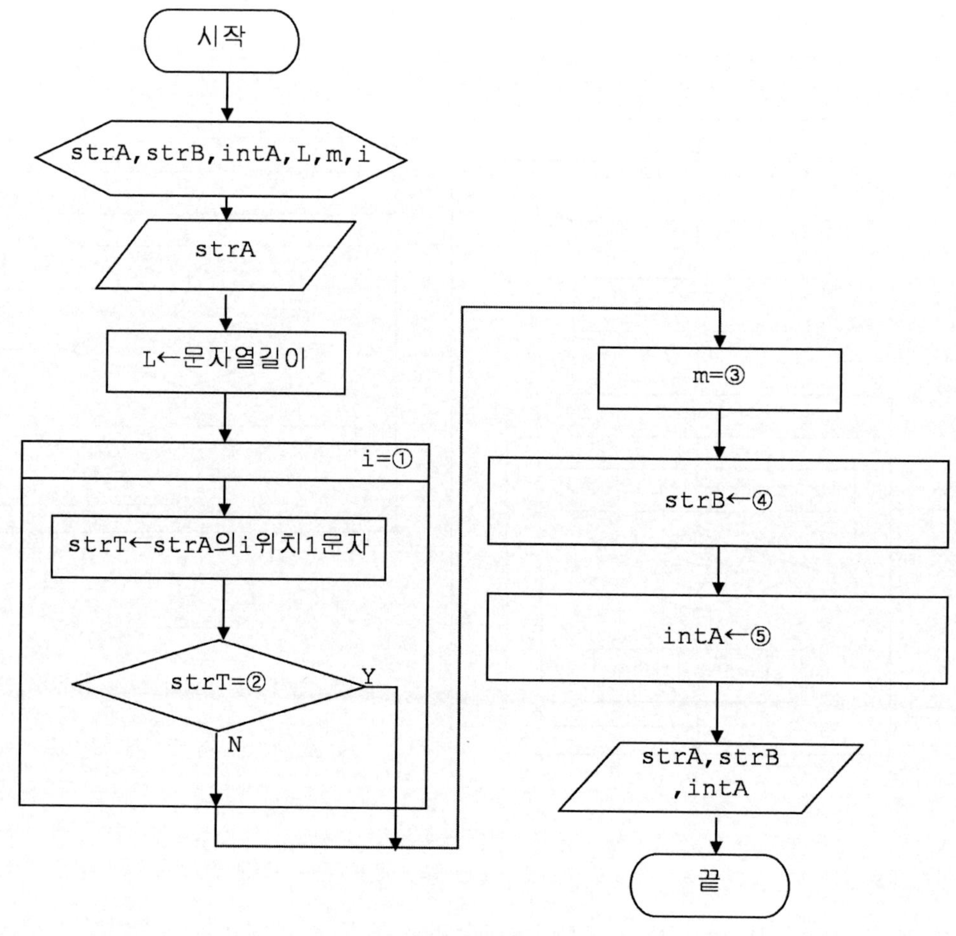

[순서도 7.6]

CHAPTER 08

기본 알고리즘(1)

| CHAPTER 08 | 기본 알고리즘(1)

학습목표

이 장에서는 기본 알고리즘(1)에 관해 기술한다.
7장까지는 프로그램에 사용되는 프로그램의 기본구조, 기본
명령에 대한 설명이고 8장 이후는 응용편이 된다. 기본 알고
리즘(1)을 이해하기 위해서 범위의 개수, 최소값과 최대값,
석차, 등차수열, 등비수열, 스위치 변수, 피보나치 수열의 문
제를 실습을 통하며 숙달한다.

이 장의 구성

8-1. 범위의 개수
8-2. 최대값과 최소값
8-3. 석차
8-4. 등차 수열
8-5. 등비 수열
8-6. 스위치변수
8-7. 피보나치 수열

CHAPTER 08

기본 알고리즘(1)

8-1 범위의 개수 구하기

　배열에 5개의 데이터 (5, 3, 1, 4, 2)가 있는 경우 3이상의 숫자는 몇 개인가?
3이상은 3이 포함되므로 5, 3, 4이며 3개가 된다

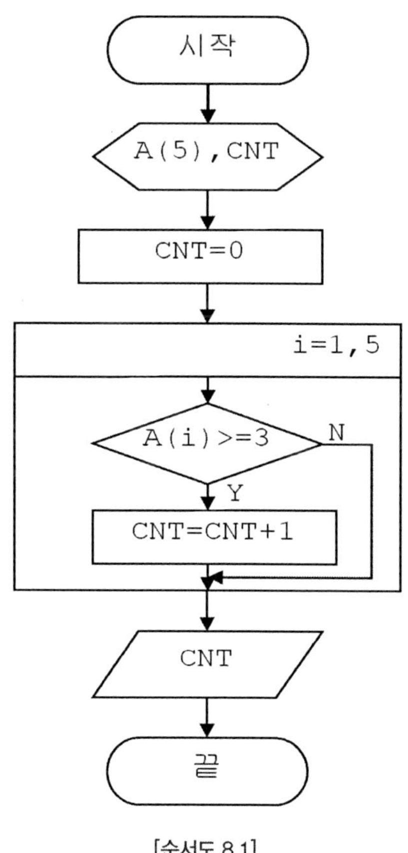

[순서도 8.1]

```
'p08-1

Private Sub Command1_Click()
    Dim A(5), Cnt As Integer
    A(1) = 5: A(2) = 3: A(3) = 1: A(4) = 4: A(5) = 2
    Cnt = 0

    For i = 1 To 5
        If A(i) >= 3 Then
            Cnt = Cnt + 1
        End If
    Next i

    Print Cnt
End Sub
```

8-2 ❖ 최대값과 최소값

배열에 5개의 데이터 (5, 3, 1, 4, 2)가 있는 경우 최대값(Max)과 최소값(Min)을 구하시오.

최대값과 최소값을 구하기 위해서는 최대값(Max), 최소값(Min)을 보관하는 변수가 필요하고 Max와 Min변수의 초기치는 예상 입력 데이터 값의 범위를 벗어나는 값을 사용하며 위 데이터인 경우 Max=0, Min=9이면 가능하다. 만약 학생들의 시험 점수이면 0~100 까지 이므로 Max=-1, Min=101 이면 예상 입력 데이터 값을 벗어나며 초기치 Max는 Min 보다 작은 것이 특징이다.

'p08-2

```
Private Sub Command1_Click()
    Dim A(5), Max, Min As Integer
    A(1) = 5: A(2) = 3: A(3) = 1: A(4) = 4: A(5) = 2
    Max = 0: Min = 9

    For i = 1 To 5
        If A(i) >= Max Then
            Max = A(i)
        End If

        If A(i) < Min Then
            Min = A(i)
        End If

    Next i
    Print Max, Min
End Sub
```

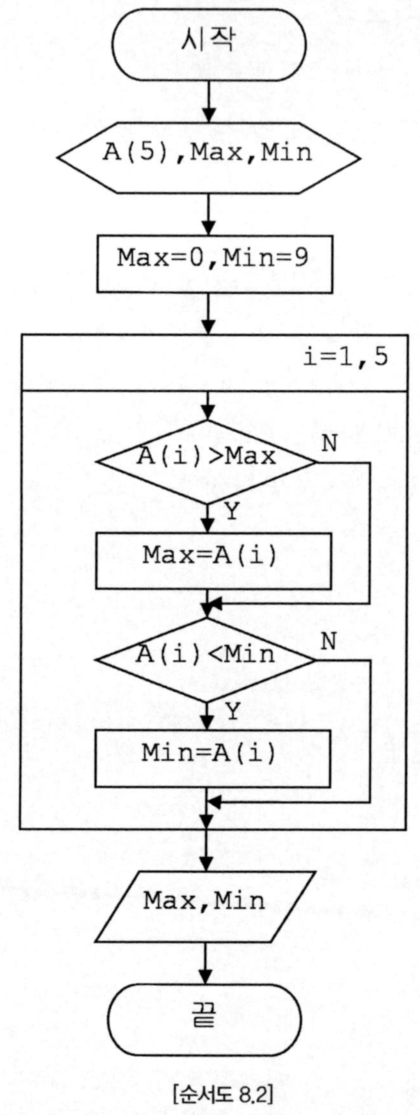

[순서도 8.2]

8-3 ❋ 석차

배열에 5개의 데이터(5, 3, 1, 4, 2)가 있는 경우 석차를 구하여 보자.

5가 최고 큰 수 이므로 석차는 1등이 되며 석차는 R배열에 입력하자. R(1)에 0을 초기화 하고 첫 번째 데이터 5를 기준으로 하여 5개의 데이터 중 5<=A(i)이면 R(1)을 +1 하는 방법이다. 또한 3이 몇 등인가를 적용하면 R(2)=0 으로 초기화 하며 5개의 데이터 중 3<=A(i)이면 R(2)을 +1하므로 R(2)=3이 된다. 결국 해당 데이터의 등수를 0으로 초기화하고 등수를 알려고 하는 데이터 보다 같거나 큰 수가 있으면 자기 자신은 등수가 +1이 되는 방법을 이용하는 것이 된다.

'p08-3

```vb
Private Sub Command1_Click()
    Dim A(5), R(5), Max, Min As Integer
    A(1) = 5: A(2) = 3: A(3) = 1: A(4) = 4: A(5) = 2
    For i = 1 To 5
        R(i) = 0
    Next i

    For i = 1 To 5
        For j = 1 To 5
            If A(i) <= A(j) Then
                R(i) = R(i) + 1
            End If
        Next j

        Print A(i), R(i)

    Next i

End Sub
```

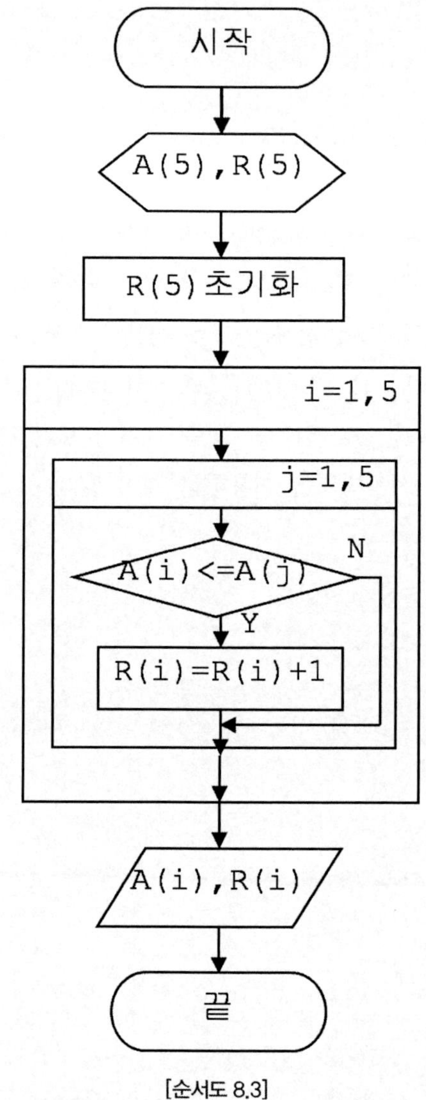

[순서도 8.3]

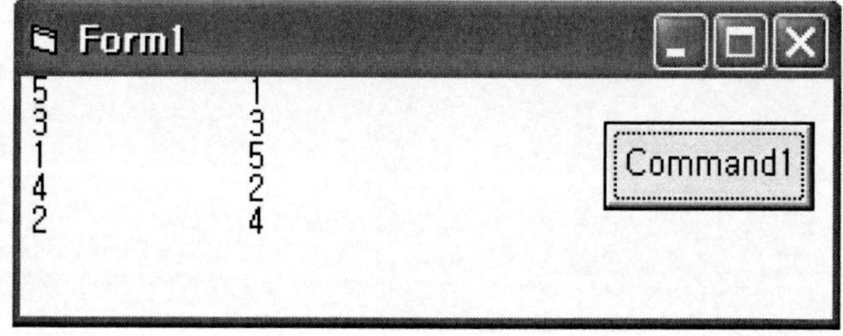

8-4 ※ 등차수열

다음과 같은 데이터가 있는 경우 5번째 까지 항의 합을 구하여 보자.

[표 8.1] 등차수열

데이터	2	5	8	11	14	17	...	2+(n−1)*3
항	a_1	a_2	a_3	a_4	a_5	a_6		a_n
항의 값	a_1	a_1+d	a_2+d	a_3+d	a_4+d	a_5+d		$a_{n-1}+d$
일반항	a_1	a_1+1d	a_1+2d	a_1+3d	a_1+4d	a_1+5d		$a_n=a_1+(n-1)d$

등차수열이란 각 항에 일정한 수를 더하면 다음 항이 된다. 표 8.1에는 초기항 $a_1=2$ 이고 더하는 일정한 수는 3이며 이를 공차라 하며 a_i항은 $a_{i-1}+d$가 된다. 또한 등차 수열에서 일반항은 $a_n=a_1+(n-1)*d$가 됨을 알 수 있다.

순서도에서는 $a_i=a_{i-1}+d$를 이용한다.

```
'p08-4

Private Sub Command1_Click()
    Dim a1, ai, d, s, i As Integer
    a1 = 2: d = 3: s = 0

    ai = a1
    s = ai

    For i = 2 To 5
        ai = ai + d
        s = s + ai
    Next i

    Print s
End Sub
```

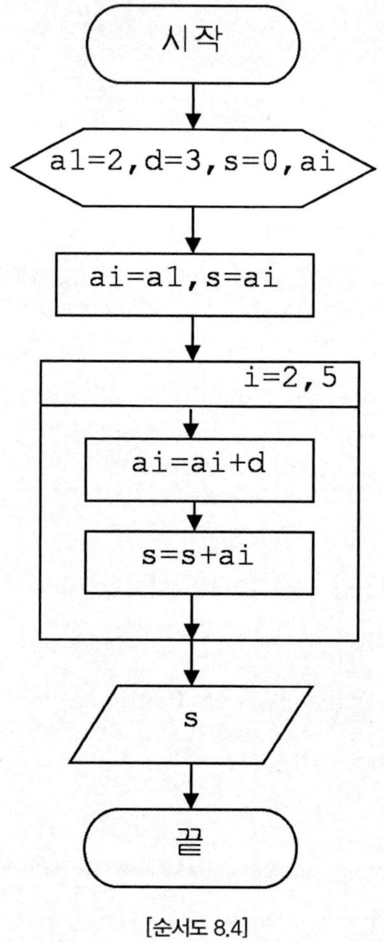

[순서도 8.4]

8-5 등비수열

다음과 같은 데이터가 있는 경우 5번째 까지 항의 합을 구하여 보자.

[표 8.2] 등비수열의 예

데이터	2	4	8	16	32	64	⋯	$2*2^{n-1}$
항	a_1	a_2	a_3	a_4	a_5	a_6		a_n
항의 값	a_1	$a_1 r$	$a_2 r$	$a_3 r$	$a_4 r$	$a_5 r$		$a_{n-1}*r$
일반항	a_1	$a_1 r^1$	$a_1 r^2$	$a_1 r^3$	$a_1 r^4$	$a_1 r^5$		$a_1 * r^{n-1}$

등비수열이란 지정한 항에 일정한 수를 곱하면 다음 항이 된다. 표 8.2에서는 초기 항 $u_1 = 2$이고 곱하는 수는 2이며 이를 공비라 하며 a_i항은 $a_{i-1}*r$이 된다. 등비수열의 일반항 $a_n = a_1 * r^{n-1}$이 됨을 알 수 있다.

순서도에서는 $a_i = a_{i-1}*r$을 이용한다.

'p08-5

```
Private Sub Command1_Click()
    Dim a1, ai, r, s, i As Integer
    a1 = 2: r = 2: s = 0

    ai = a1
    s = ai
    For i = 2 To 5
        ai = ai * r
        s = s + ai
    Next i

    Print s
End Sub
```

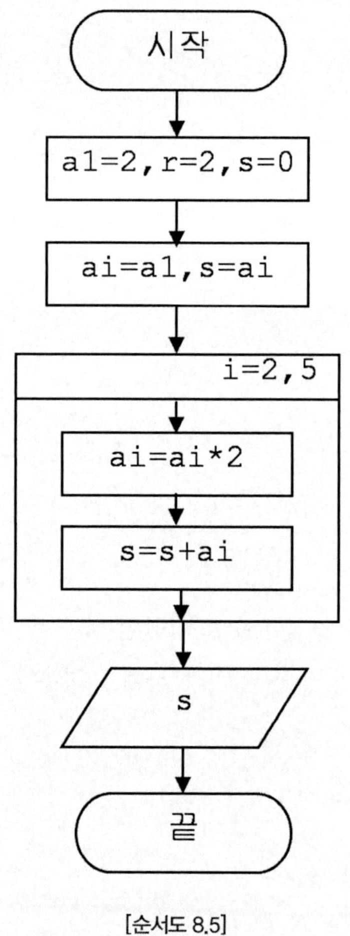

[순서도 8.5]

8-6 　 스위치 변수

다음과 같은 수열의 6번째 항까지 합을 구하여 보자

$$1 - 2 + 3 - 4 + 5 - 6 + 7 - 8 + 9 - 10$$

첫 항의 부호는 +이고 둘째 항은 −이며 문제의 모든 항에서 홀수 항의 부호는 +
짝수 항은 −가 된다. 즉 부호가 +에서 −로 계속 변화한다. 일반적으로 sw변수라고
하며　sw = sw * (−1)로 하면 이 문장을 실행할 때마다 sw 값의 부호가 변화하며
이 방법을 순서도에 적용한다.

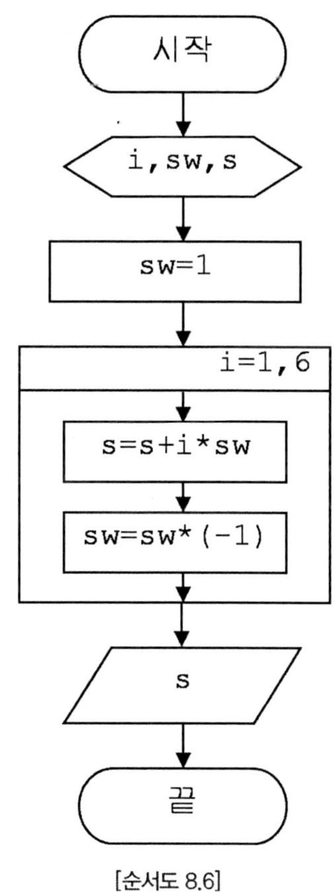

[순서도 8.6]

'p08-6

```
Private Sub Command1_Click()
    Dim sw, s, i As Integer
    sw = 1

    For i = 1 To 6
        s = s + i * sw
        sw = sw * (-1)
    Next i

    Print s

End Sub
```

8-7 ※ 피보나치 수열

피보나치 수열의 5번째 항까지의 합을 구하여 보자

```
1,  1,  2,  3,  5,  8, 13, 21, 34, 55,……
$a_1$, $a_2$, $a_3$, $a_4$, $a_5$, $a_6$, $a_7$, $a_8$, $a_9$, $a_{10}$
A,  B,  C
   A,   B,  C
```

피보나치 수열이란 초기의 첫째 항과 둘째 항이 a_1=1, a_2=1로 정의 되며 앞의 연속된 2개 항을 합하면 다음 항이 되는 수열이며 일반항은 $a_n = a_{n-2} + a_{n-1}$ 이 되며 일반항은 셋째 항 a_3부터 의미가 있다. a_3항은 a_1+a_2 이고 a_4항은 a_2+a_3 임을 알 수 있다.

a_1, a_2, a_3 이 각각 A, B, C이면 C는 A+B이고 a_2, a_3, a_4가 A, B, C이면 역시 C=A+B가 되므로 a_3=C 일 때 합을 구한 다음 a_2=A, a_3=B, a_4=C로 A, B, C를 오른쪽으로 자리이동을 하여 계속 C를 합하면 해결이 가능하다.

'p08-7

```vb
Private Sub Command1_Click()
    Dim A, B, C, s, i As Integer
    A = 1 :B = 1
    s = A + B

For i = 3 To 5
    C = A + B
    s = s + C
    A = B
    B = C
    Next i
    Print s
End Sub
```

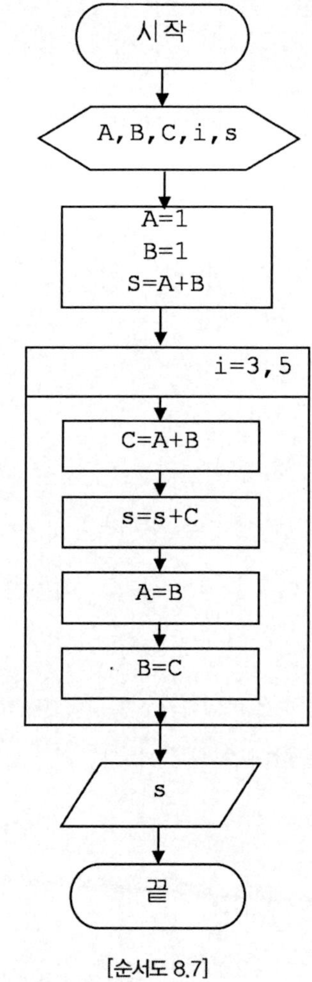

[순서도 8.7]

172

8-1 배열에 7개의 데이터 (6, 5, 3, 7, 1, 4, 2)가 있는 경우 4이상의 숫자는 몇 개인가의 순서도를 완성하시오.

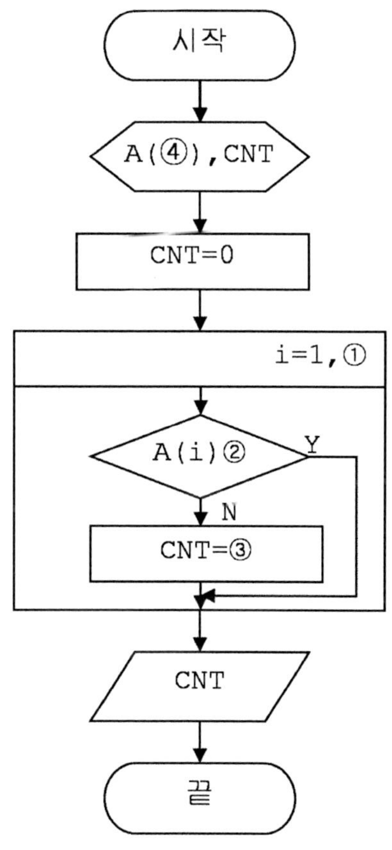

[순서도 8.8]

배열에 8개의 데이터(6, 5, 3, 7, 1, 4, 2, 8)가 있는 경우 최솟값과 최댓값을 구하기 위한 순서도를 완성 하시오.

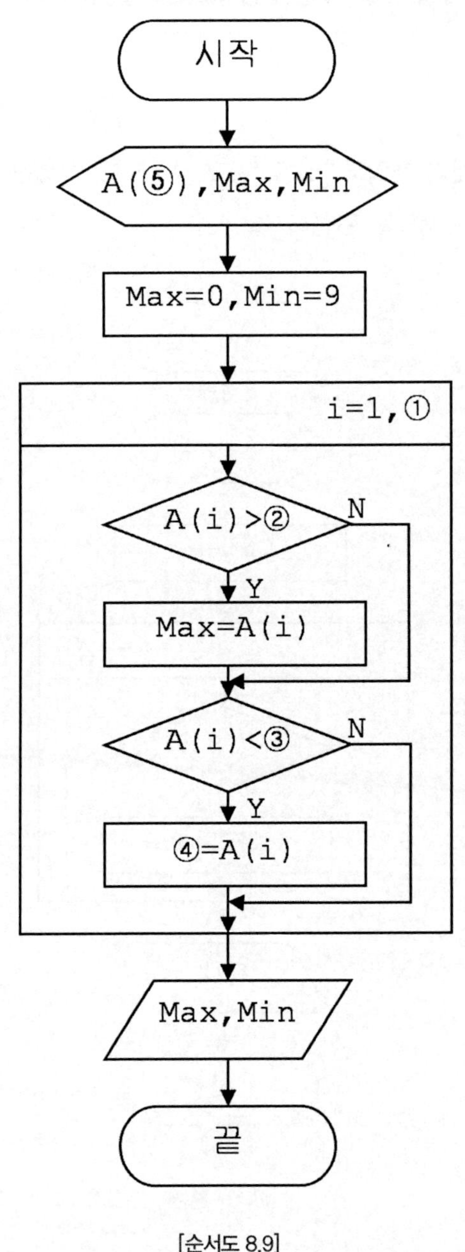

[순서도 8.9]

8-3 배열에 6개의 데이터 (6, 5, 3, 1, 4, 2)가 있는 경우 석차를 R배열에 입력하기
위한 순서도를 완성하시오.

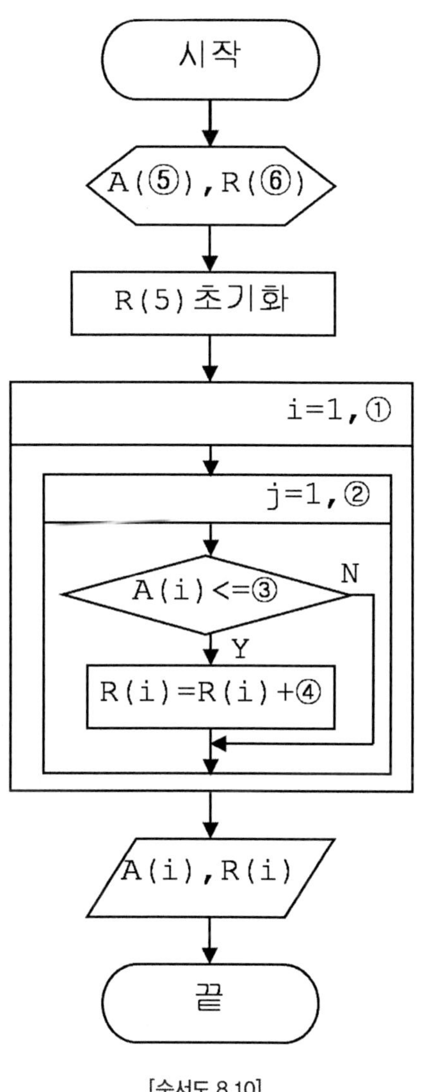

[순서도 8.10]

 다음과 같은 데이터가 있는 경우 6번째 까지 항의 합을 구하는 순서도를 완성하시오.

1, 3, 5, 7, 9, 11, 13, ……

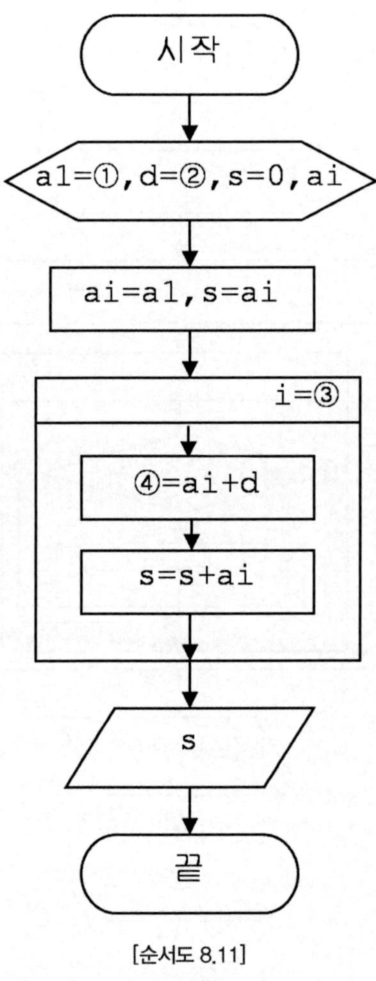

[순서도 8.11]

8-5 다음과 같은 데이터가 있는 경우 4번째 까지 항의 합을 구하는 순서도를 완성하시오.

1, 2, 4, 8, 16, 32, 64, 128, 256, 512, 1024, 2048, 4096, ……

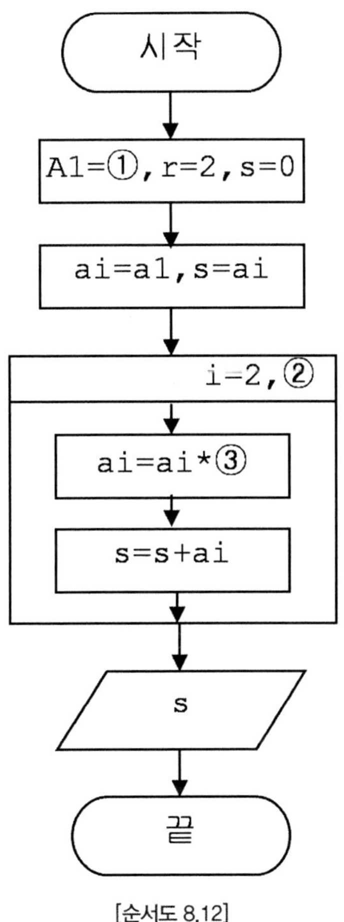

[순서도 8.12]

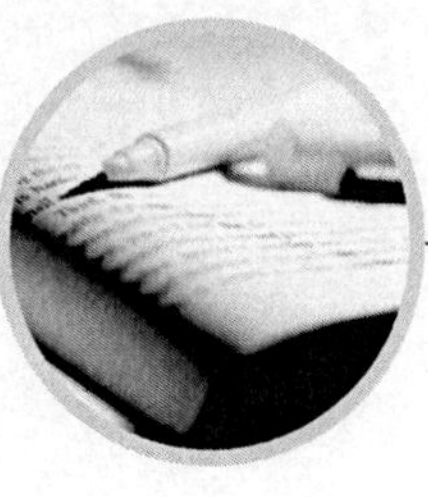

CHAPTER 09

기본 알고리즘(2)

| CHAPTER 09 | 기본 알고리즘(2)

학습목표

이 장에서는 기본 알고리즘(2)에 관해 기술한다.
8장의 알고리즘에 비해 난이도가 약간 높으며 진법 변환에
서는 문자열 처리 기능이 포함된다. 이 장에서는 공배수, 최
대공약수, 가장 가까운 수, 진법변환 문제를 이해하며 프로
그램의 응용력을 배양한다.

이 장의 구성

9-1. 공배수
9-2. 최대공약수
9-3. 가장 가까운 수
9-4. 10진수를 2진수로 변환
9-5. 10진수를 16진수로 변환
9-6. 2진수를 10진수로 변환
9-7. 16진수를 10진수로 변환

CHAPTER 09

기본 알고리즘(2)

9-1 공배수

1 ~ 10 까지 수 중에서 2의 배수도 되고 3의 배수가 되는 수를 구하여 보자.

6은 2의 배수도 되고, 3의 배수도 되며 공통인 배수 이므로 공배수이다.

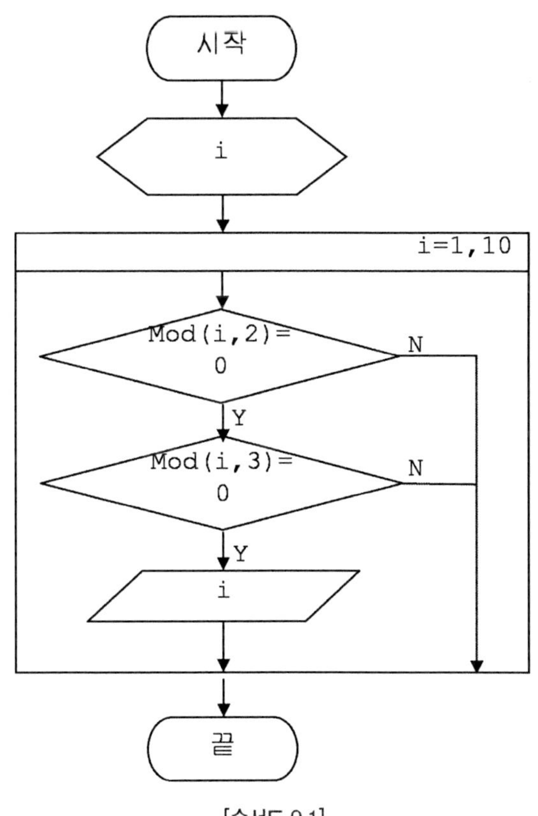

[순서도 9.1]

```vb
Private Sub Command1_Click()
    Dim i As Integer
    For i = 1 To 10

    If (i Mod 2) = 0 Then
        If (i Mod 3) = 0 Then
            Print i
        End If
    End If

    Next i

End Sub
```

9-2 ❊ 최대공약수

12와 16의 최대공약수를 구하여보자.

두 개의 정수에서 최대 공약수는 각각의 약수들 중에서 최대가 되는 수를 의미 한다. 12의 약수는 1, 2, 3, 4, 6 이고 16의 약수는 1, 2, 4, 8 이므로 공통인 약수 중 가장 큰 수인 최대공약수는 4가 된다.

유클리드(Euclid) 호제법을 이용하여 최대공약수를 구하려면 두 수 중 큰 수에서 작은 수를 빼고 결과와 두 수 중 작은 수 와 비교하여 큰 수와 작은 수를 결정한다. 큰 수 와 작은 수가 결정 되면 위 과정을 반복하고 만약 큰 수와 작은 수가 같으면 이 수가 최대공약수 이다. 만약 x=16, y=12이면 표 9.1와 같이 최대공약수는 4가 된다.

[표 9.1] 최대공약수 계산

단계	x	y	x-y
1	16	12	4
2	12	4	8
3	8	4	4
4	4	4	

```vb
'p09-2

Private Sub Command1_Click()
    Dim X, Y, T As Integer

    X = 16: Y = 12
    If Not (X > Y) Then
        T = X
        X = Y
        Y = T
    End If
10
    If X = Y Then
        Print X
    Else
        X = X - Y
        If X > Y Then
            GoTo 10
        Else
            T = X
            X = Y
            Y = T
        End If
        GoTo 10
    End If

End Sub
```

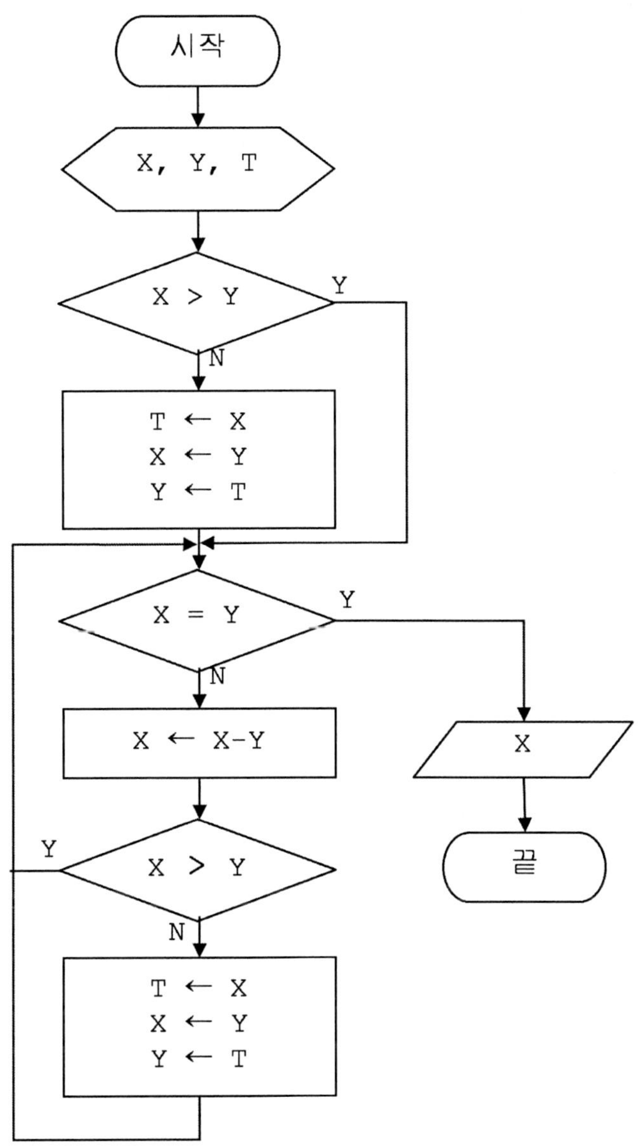

[순서도 9.2]

1 ~ 5 사이의 수 가운데 3.7과 가장 가까운 수는 무엇인가?

3과 3.7의 차이는 0.7이고 4와 3.7은 0.3 이 되므로 가장 가까운 수는 4가 된다.

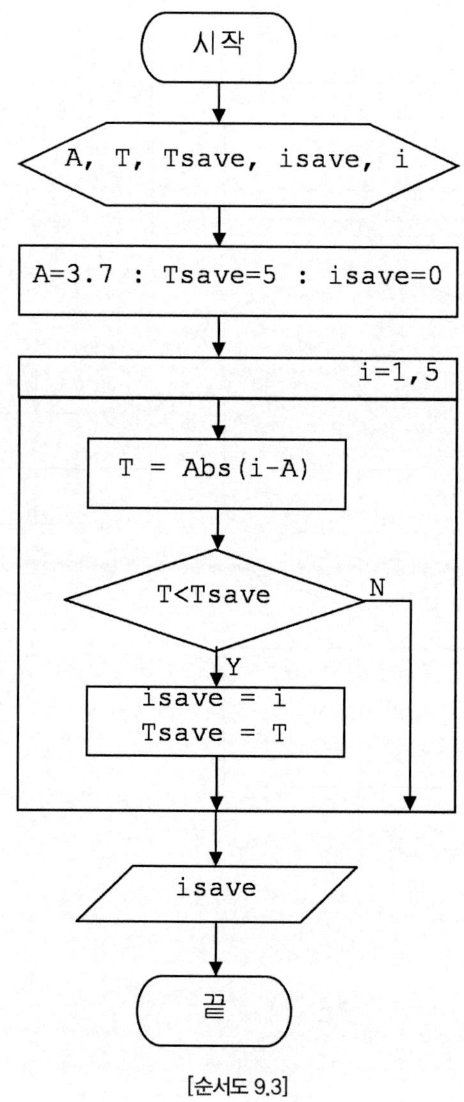

[순서도 9.3]

'p09-3

```
Private Sub Command1_Click()
    Dim A, Tsave, T, isave, i As Integer
    A = 3.7: isave = 0: Tsave = 5

    For i = 1 To 5
        T = Abs(i - A)
        If T < Tsave Then
            isave = i
            Tsave = T
        End If
    Next i
    Print isave

End Sub
```

10진수 4를 2진수로 변환 하여보자.

```
4 / 2  = 2 -- 0 (나머지)  B(1)  (=LSB)
2 / 2  = 1 -- 0           B(2)
1 / 2  = 0 -- 1           B(3)  (=MSB)
```

2진수로 변환하기 위해서는 10진수를 2로 나누어 몫과 나머지를 구하여 나머지를 기록하고 몫은 다시 2로 나누기를 계속하여 몫이 0 이 될 때까지 계속한다. 최종 나머지를 시작으로 나머지를 모두 읽으면 결과는 100_2 이 되며 마지막 나머지가 상위 자리수가 된다.

만약 0 ~ 255까지 10진수는 255= 1111 1111_2 이므로 2진수 8자리가 필요하다.

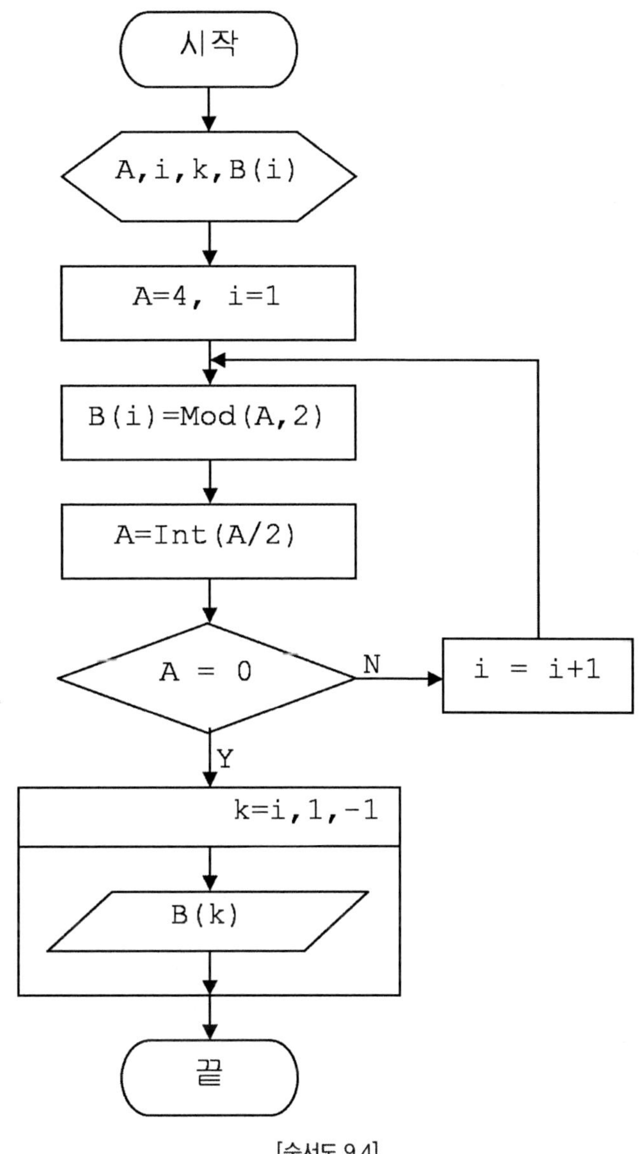

[순서도 9.4]

'p09-4

```
Private Sub Command1_Click()
    Dim A, i, k As Integer
    Dim B(8) As Integer

    A = 4
    i = 1
10
    B(i) = A Mod 2
    A = Int(A / 2)

    If Not (A = 0) Then
        i = i + 1
        GoTo 10
    End If

    For k = i To 1 Step -1
        Print B(k);
    Next k
End Sub
```

9-5 · 10진수를 16진수로 변환

10진수 31을 16진수로 변환 하여 보자

```
31 / 16 = 1 -- 15 =F₁₆  H(1)
 1 / 16 = 0 --  1       H(2)
```

16진수로 변환하기 위해서는 10진수를 16으로 나누어 몫과 나머지를 구하여 나머지는 0 ~ 15가 된다. 몫을 다시 16으로 나누기를 계속하며 몫이 0 이 될 때 까지 계속한다. 최종 나머지를 시작으로 나머지를 모두 읽으면 결과는 $1F_{16}$가 되며 마지막 나머지가 상위 자리수가 된다.   결과는 $1F_{16}$가 되며 나머지가 15이므로 16진수에 해당하는 F 가 된다.

만약 0 ~ 255 끼지 10진수는 $255=FF_{16}$ 이므로 16진수 2자리가 필요하며 16진수는 0 ~ 9, A, B, C, D, E, F 로 구성 되므로 결과를 보관하기 위해서는 문자를 보관하는 변수가 필요하다.

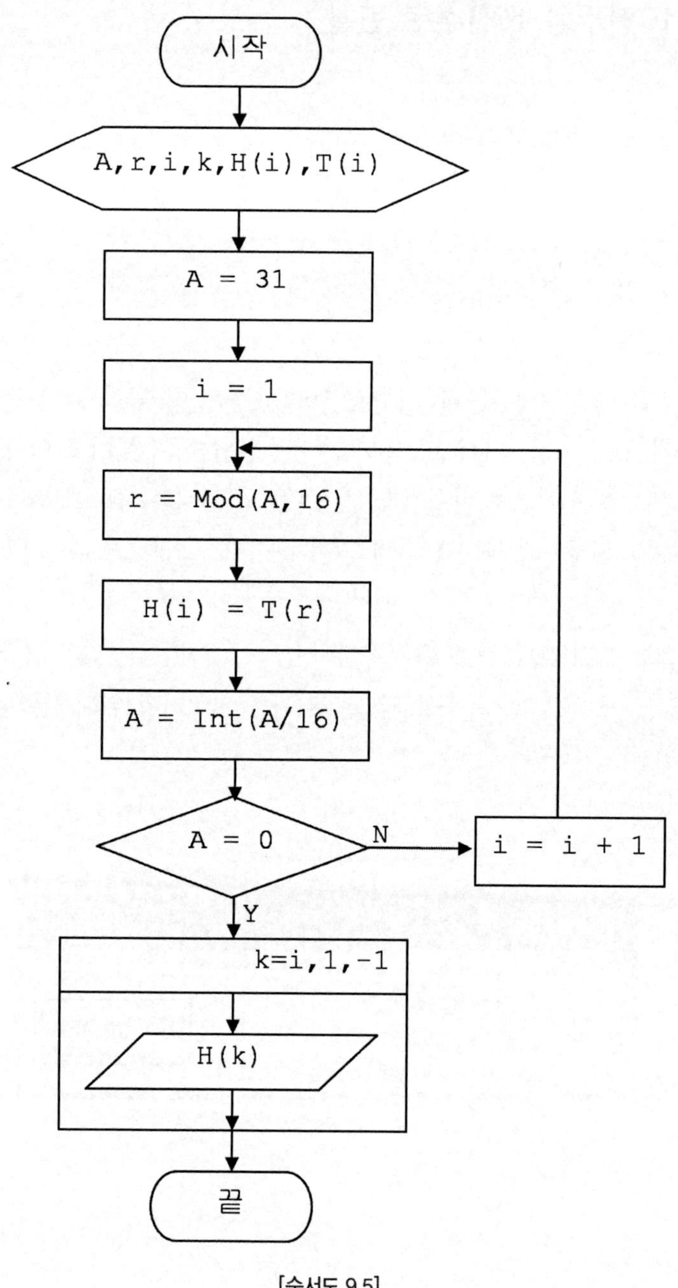

[순서도 9.5]

'p09-5

```
Private Sub Command1_Click()
    Dim A, r, i, k As Integer
    Dim H(2) As String
    Dim T(15) As String

    T(0) = "0": T(1) = "1": T(2) = "2": T(3) = "3"
    T(4) = "4": T(5) = "5": T(6) = "6": T(7) = "7"
    T(8) = "8": T(9) = "9": T(10) = "A": T(11) = "B"
    T(12) = "C": T(13) = "D": T(14) = "E": T(15) = "F"

    A = 31
    i = 1
10
    r = A Mod 16
    H(i) = T(r)
    A = Int(A / 16)

    If Not (A = 0) Then
        i = i + 1
        GoTo 10
    End If

    For k = i To 1 Step -1
        Print H(k);
    Next k
```

 ## 2진수를 10진수로 변환

2진수 100_2을 10진수로 변환하여 보자.

$$100_2 = 1 * 2^2 + 0 * 2^1 + 0 * 2^0 = 4$$

입력이 문자열로 $100 = (b_2 \; b_1 \; b_0)$이 입력된다고 가정하자. 문자열로 입력되면 문자길이 처리 명령 Len 이용하여 몇 자리인가 분석을 하고 b_0, b_1, b_2 순서로 b_0 는 2^0을 곱해야 함으로 P=0 이 된다. b_1의 위치에서는 2^1을 곱해야 함으로 P=1이 된다.

| 'p09-6 |

```
Private Sub Command1_Click()
    Dim strA As String
    Dim LenA, p, D, b As Integer

    strA = "100"
    LenA = Len(strA)

    p = 0
    D = 0

    For i = LenA To 1 Step -1
       b = Val(Mid(strA, i, 1))
       D = D + b * 2 ^ p
       p = p + 1

    Next i

    Print D

End Sub
```

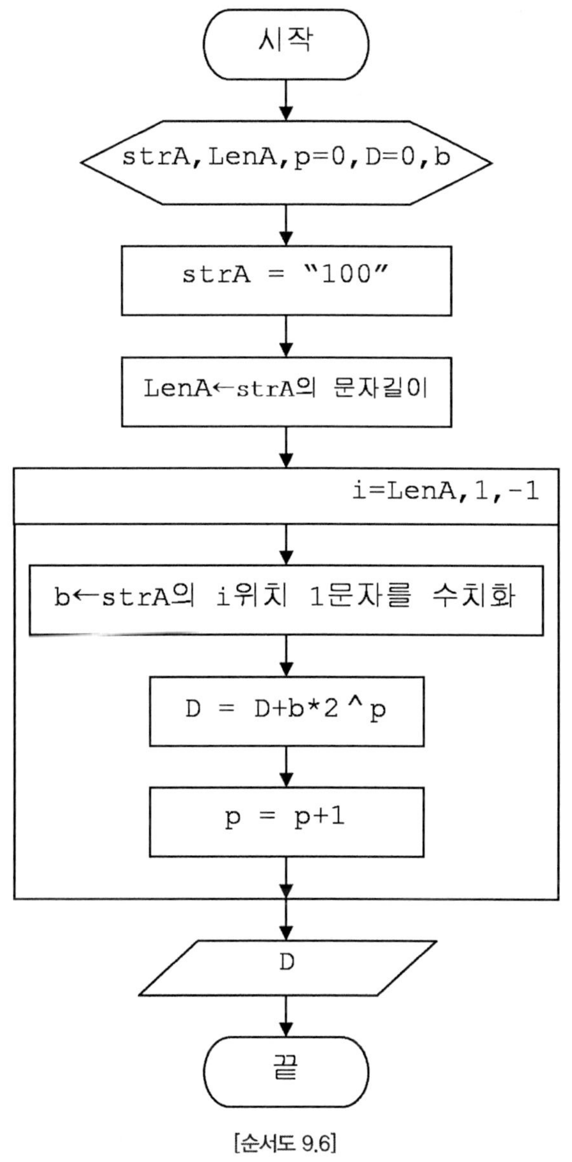

[순서도 9.6]

9-7 ※ 16진수를 10진수로 변환

16진수 $1F_{16}$를 10진수로 변환하여 보자.

$$1F_{16} = 1 * 16^1 + 15 * 16^0 = 31_{10}$$

입력이 문자열로 $1F_{16} = (b_1\ b_0)$ 이 입력된다고 가정하자. 문자열로 입력되면 문자길이
처리 명령 Len을 이용하여 몇 자리인가 분석하고 b_0, b_1 순서로 b_0 는 16^0을 곱해야 함으
로 P=0 이 된다. b_1의 위치에서는 16^1을 곱해야 함으로 P=1이 된다.

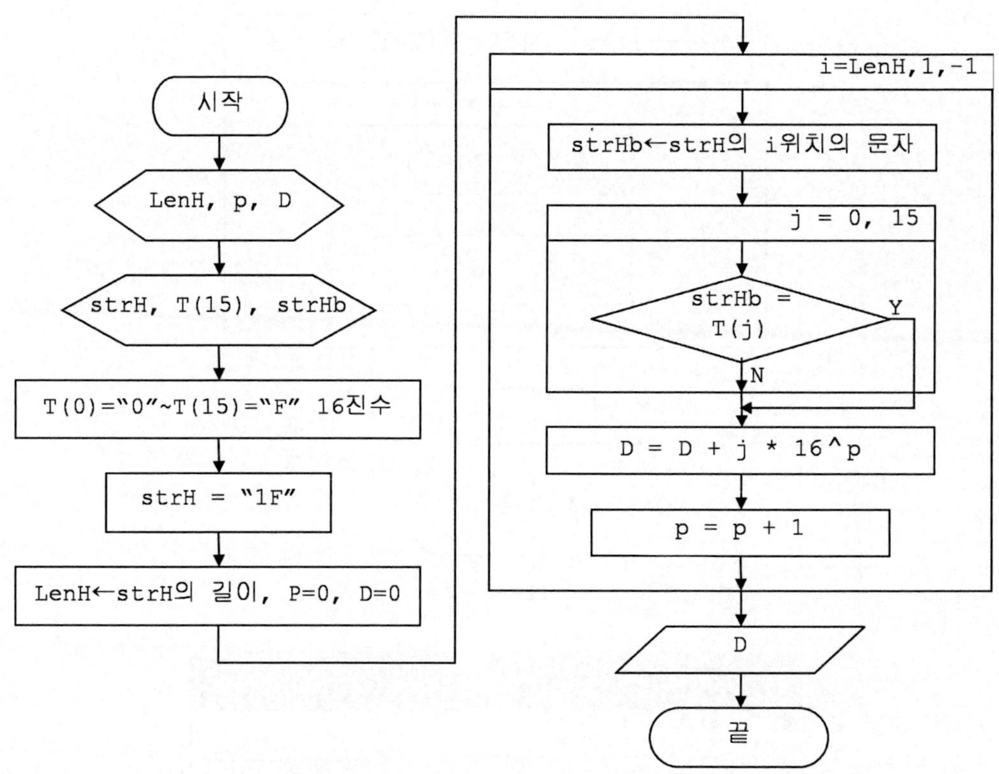

[순서도 9.7]

```
'p09-7

Private Sub Command1_Click()
    Dim LenH, p, D, b  As Integer
    Dim strH As String
    Dim T(15) As String
    Dim strHb As String

    T(0) = "0": T(1) = "1": T(2) = "2": T(3) = "3"
    T(4) = "4": T(5) = "5": T(6) = "6": T(7) = "7"
    T(8) = "8": T(9) = "9": T(10) = "A": T(11) = "B"
    T(12) = "C": T(13) = "D": T(14) = "E": T(15) = "F"


    strH = "1F"
    LenH = Len(strH)
    p = 0
    D = 0

    For i = LenH To 1 Step -1
        strHb = Mid(strH, i, 1)

        For j = 0 To 15
            If strHb = T(j) Then Exit For
        Next j

        D = D + j * 16 ^ p
        p = p + 1
    Next i

    Print D
End Sub
```

9-1 1~20까지 수 중에서 2의 배수로 되고 5의 배수가 되는 수를 구하기 위한 순서도를 완성하시오.

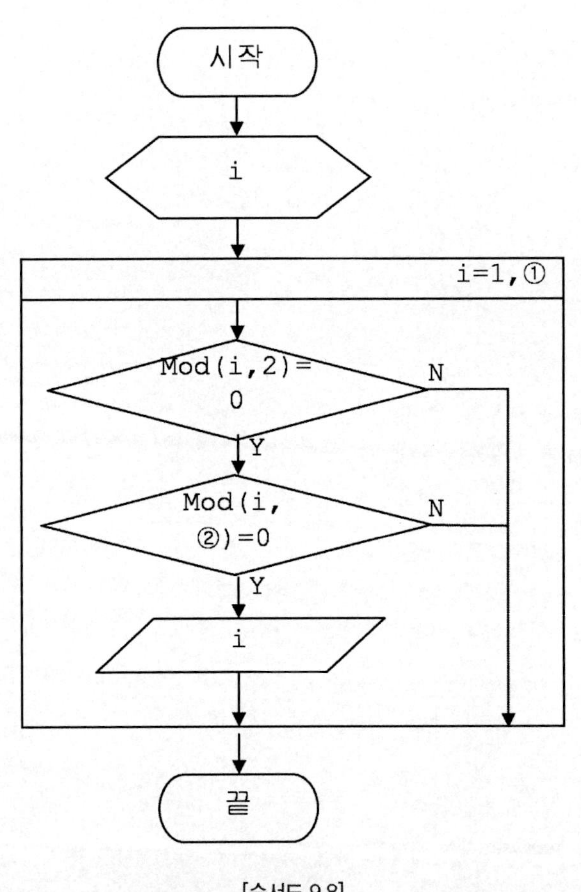

[순서도 9.8]

9-2 16과 24의 최대공약수를 구하기 위한 순서도를 완성하시오.

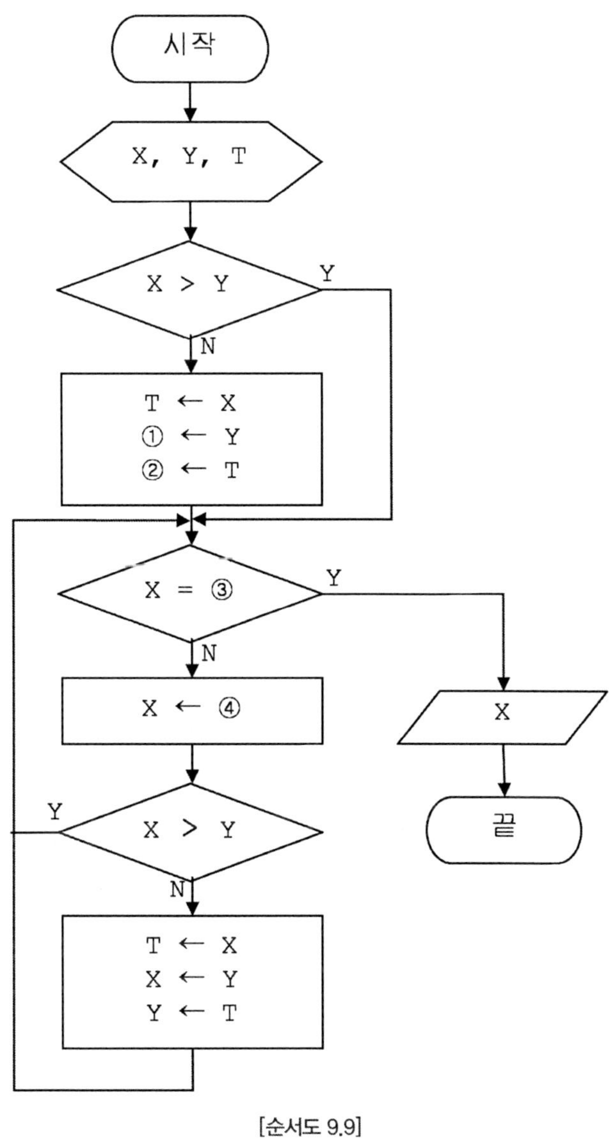

[순서도 9.9]

3~9 사이의 수 가운데 4.7과 가장 가까운 수를 구하기 위한 순서도를 완성하시오.

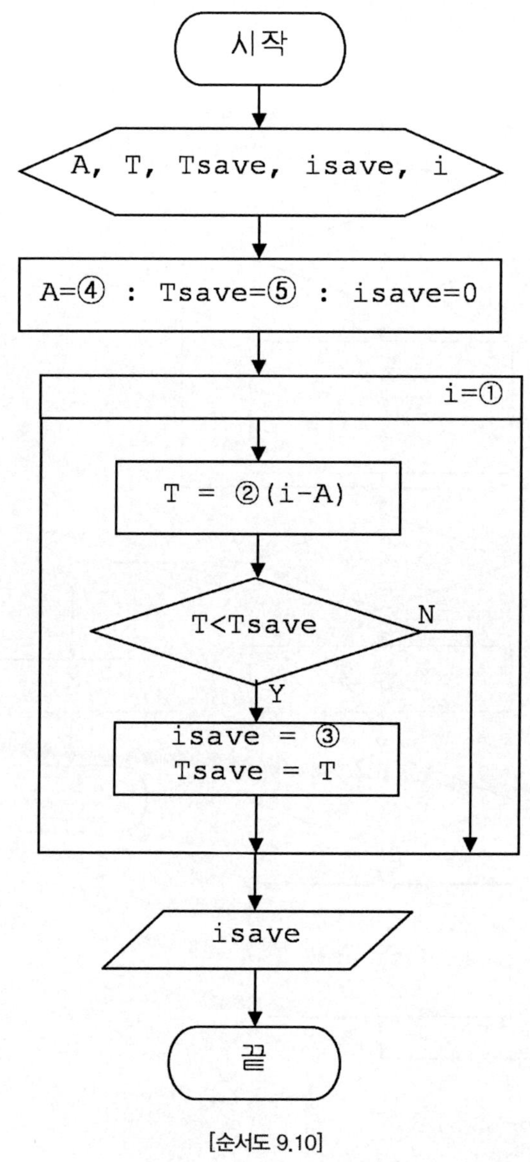

[순서도 9.10]

9-4 10진수 7을 2진수로 변환하기 위한 순서도를 완성하시오.

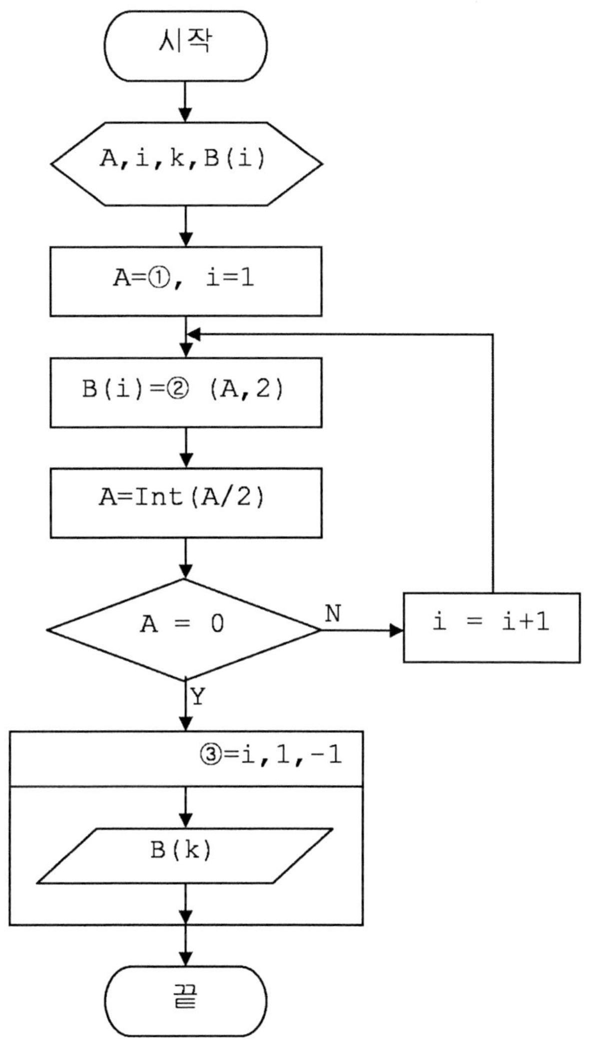

[순서도 9.11]

memo

CHAPTER 10

정렬 알고리즘(1)

학습목표

이장에서는 정렬 알고리즘(1)에 관해 기술한다.
정렬 알고리즘은 여러 가지가 있지만 이 중에서 이해하기 쉽고 프로그램하기 쉬운 선택, 버블, 삽입정렬에 대해 이해하고 숙달한다. 정렬 알고리즘은 프로그램은 작지만 알고리즘을 이해하는데 가장 적합한 문제이며 실제 응용 시에는 흥미 있는 기능을 갖게 된다.

이 장의 구성

10-1. 선택정렬(Selection Sort)
10-2. 버블정렬(Bubble Sort)
10-3. 삽입정렬(Insertion Sort)

CHAPTER 10

정렬 알고리즘(1)

10-1 선택정렬(Selection Sort)

배열에 (5, 3, 1, 4, 2)가 순서대로 보관 된 경우 오름차순으로 선택정렬하여 보자.

첫 번째 5와 나머지 데이터를 비교하여 가장 작은 것을 첫 번째에 이동 한다. 첫 번째 5와 나머지 데이터를 비교 할 때 비교해서 작은 것을 첫 번째와 비교 대상을 교환하여 이를 반복하면 첫 번째 데이터가 가장 작은 데이터가 된다. 첫 번째 데이터는 가장 작은 데이터 이므로 나머지 4개의 데이터에서 앞의 과정을 반복 한다.

① 5, 3, 1, 4, 2 : 초기상태
② 3, 5, 1, 4, 2 : ①의 5, 3 비교 후 이동
③ 1, 5, 3, 4, 2 : ②의 3, 1의 비교 후 이동
④ 1, 5, 3, 4, 2 : ③의 1, 4의 비교
⑤ 1, 5, 3, 4, 2 : ④의 1, 2를 비교

위와 같이 초기 상태 5와 나머지 데이터 3, 1, 4, 2를 비교, 이동하면 첫 번째 데이터가 가장 작은 데이터가 된다.

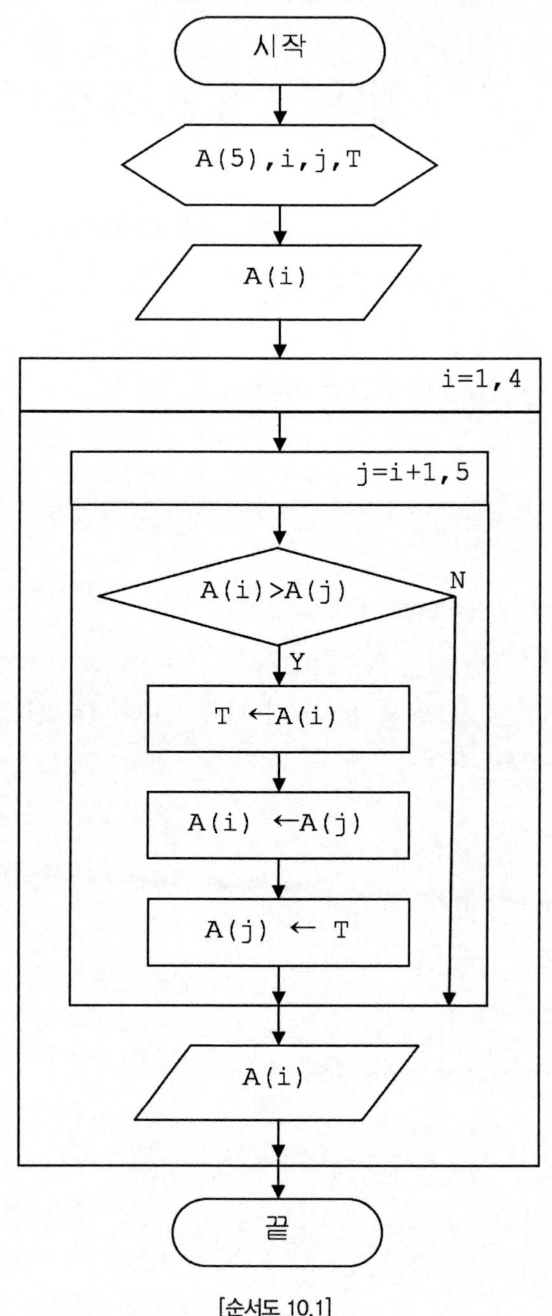

[순서도 10.1]

'p10-1

```
Private Sub Command1_Click()
    Dim i, j, T As Integer
    Dim A(5) As Integer
    A(1) = 5: A(2) = 3: A(3) = 1: A(4) = 4: A(5) = 2

    For i = 1 To 4
        For j = i + 1 To 5
            If A(i) > A(j) Then
                T = A(i)
                A(i) = A(j)
                A(j) = T
            End If
        Next j
        Print A(1); A(2); A(3); A(4); A(5)

    Next i
End Sub
```

 버블정렬(Bubble Sort)

배열에 (5, 3, 1, 4, 2)가 순서대로 보관된 경우 오름차순으로 버블정렬 하여 보자.

버블정렬의 전략은 첫 번째 데이터에서 인접한 데이터를 비교하여 서로 교환해 주며 두 번째 데이터에서 인접한 데이터를 비교하여 서로 교환해 주며 나머지 데이터를 반복한다. 첫 번째 이동에서 가장 큰 데이터는 맨 마지막에 위치하게 된다. 다음은 마지막 데이터를 제외하고 앞의 과정을 반복한다.

① 5, 3, 1, 4, 2 : 초기상태
② 3, 5, 1, 4, 2 : ①의 5, 3의 비교 후 이동
③ 3, 1, 5, 4, 2 : ②의 5, 1의 비교 후 이동
④ 3, 1, 4, 5, 2 : ③의 5, 4를 비교 후 이동
⑤ 3, 1, 4, 2, 5 : ④의 5, 2를 비교 후 이동

위와 같이 초기상태 5가 인접한 데이터와 비교, 이동하면 마지막 데이터가 가장 큰 데이터가 된다.

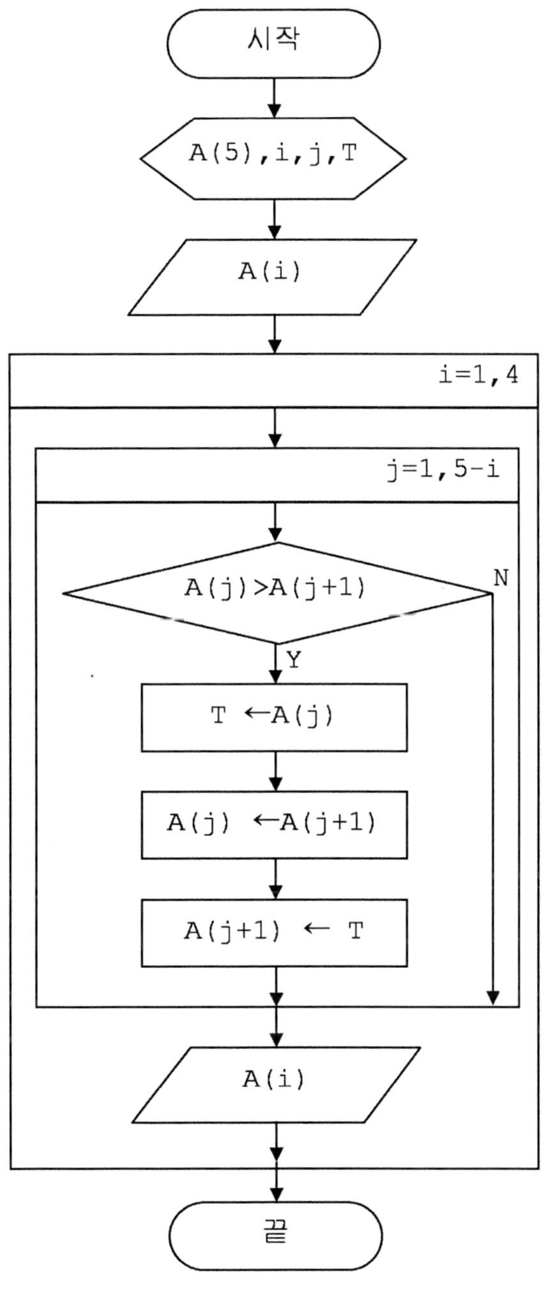

[순서도 10.2]

```
'p10-2
Private Sub Command1_Click()
    Dim i, j, T As Integer
    Dim A(5) As Integer
    A(1) = 5: A(2) = 3: A(3) = 1: A(4) = 4: A(5) = 2

    For i = 1 To 4
        For j = 1 To 5 - i
            If A(j) > A(j + 1) Then
                T = A(j)
                A(j) = A(j + 1)
                A(j + 1) = T
            End If
        Next j
        Print A(1); A(2); A(3); A(4); A(5)

    Next i
End Sub
```

10-3 삽입정렬(Insertion Sort)

배열에 (5, 3, 1, 4, 2)가 순서대로 보관된 경우 오름차순으로 삽입정렬하여 보자.

삽입정렬은 이미 정렬되어 있는 파일에 새로운 한 개의 데이터를 위치를 찾아 삽입시키는 방법이며 삽입된 데이터를 포함해 정렬이 된 상태가 된다.

```
                  key
                   ↓
     (1, 4, 5,   3, 2)  : 정렬 전
          A        B
     (1, 3, 4, 5,  2)  : 정렬 후
```

A의 데이터는 1, 4, 5 이고 정렬되어 있으며 여기에 B의 데이터 3을 A에 포함 시겨 정렬하는 경우 B의 3이 A에 포함되면 A는 1, 3, 4, 5가 되며 A는 정렬이 된 상태가 된다.

먼저 3을 Key에 보관하고 5와 key를 비교 하면 5>3 이므로 5는 3의 자리로 이동시킨다. 다시 Key를 4와 비교하면 4>3 이므로 4를 5의 자리로 이동시킨다. 다시 Key를 1과 비교하면 1<3 이므로 Key의 값은 4의 자리에 이동시킨다. 이 방법으로 B의 3이 이미 정렬되어 있는 파일 A에 삽입 되는 과정이며 A는 1, 4, 5 의 3개 데이터에서 3이 삽입되어 1, 3, 4, 5의 4개 데이터가 된다.

(5, 3, 1, 4, 2) 를 정렬 하여 보자

여기서 ① 초기 상태에서 ②로 변화 되는 과정에서 초기 상태 5를 1개 데이터가 있지만 정렬된 데이터라고 가정한다.

```
① 5, 3, 1, 4, 2 : 초기상태
② 3, 5, 1, 4, 2 : ①의 5, 3의 비교 후 이동
③ 1, 3, 5, 4, 2 : ②의 5, 1의 비교 후 이동 3, 1 을 비교 후 이동
④ 1, 3, 4, 5, 2 : ③의 5, 4를 비교 후 이동
⑤ 1, 2, 3, 4, 5 : ④의 5, 2를 비교 이동 후 4, 2를 비교 후 이동
                   3, 2를 비교 후 이동
```

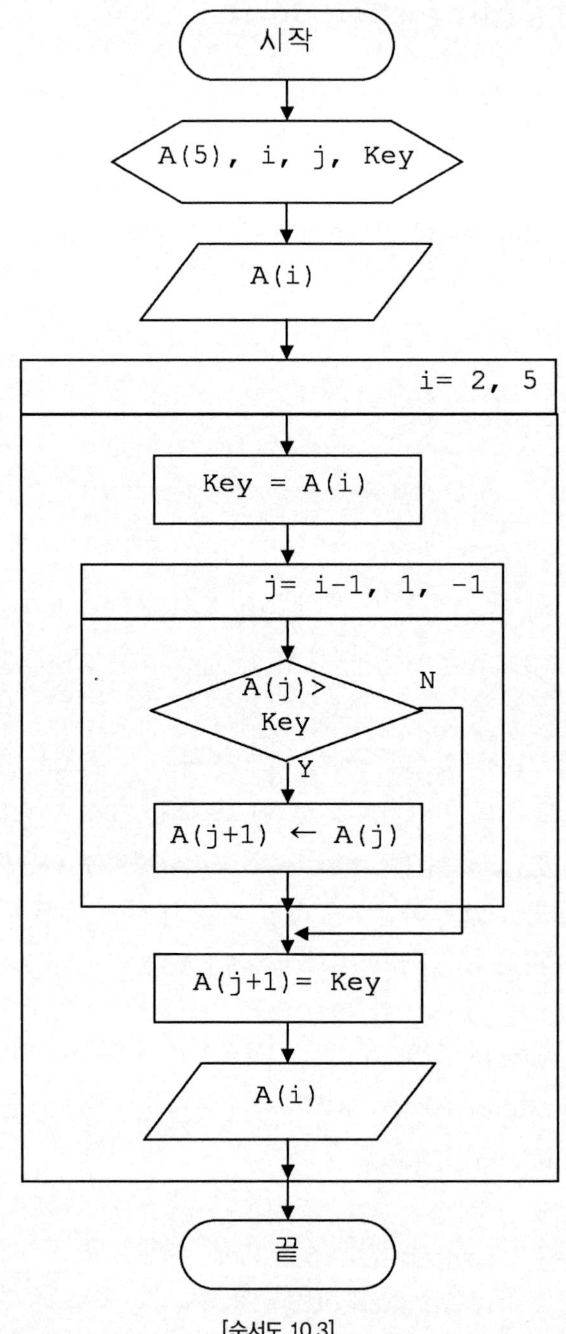

[순서도 10.3]

'p10-3

```
Private Sub Command1_Click()
    Dim i, j, Key As Integer
    Dim A(5) As Integer
    A(1) = 5: A(2) = 3: A(3) = 1: A(4) = 4: A(5) = 2

    For i = 2 To 5
        Key = A(i)
        For j = i - 1 To 1 Step -1
            If A(j) > Key Then
                A(j + 1) = A(j)
            Else
                Exit For
            End If
        Next j

        A(j + 1) = Key

        Print A(1); A(2); A(3); A(4); A(5)

    Next i
End Sub
```

10-1 데이터가 6개 (5, 3, 6, 1, 4, 2) 인 경우 오름차순 정렬을 하기 위한 순서도를
완성하시오.

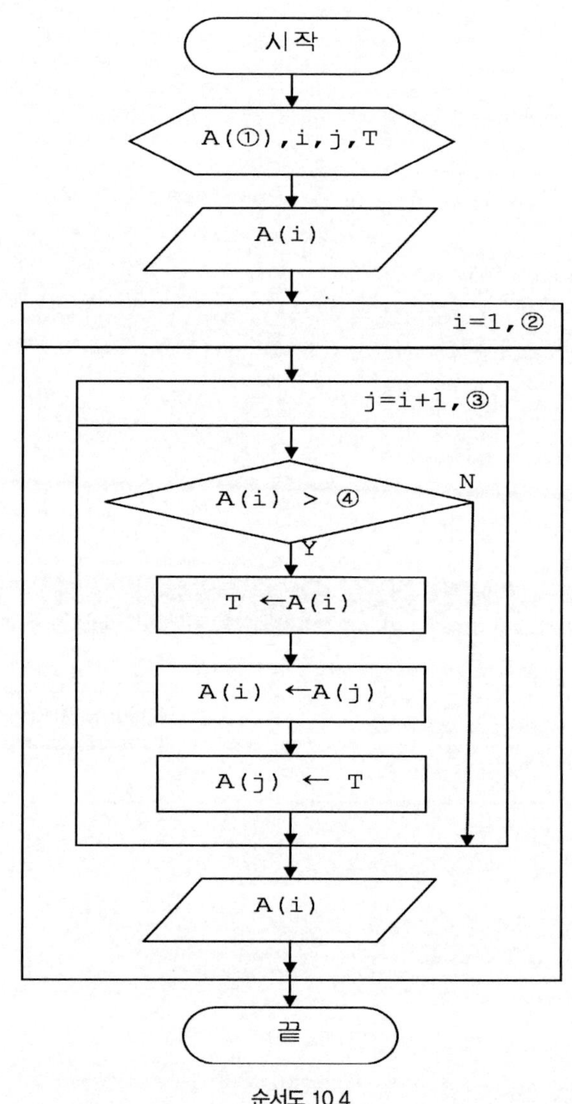

순서도 10.4

10-2 데이터가 7개 (5, 3, 6, 1, 7, 4, 2) 인 경우 내림차순 정렬을 하기 위한 순서도를 완성하시오.

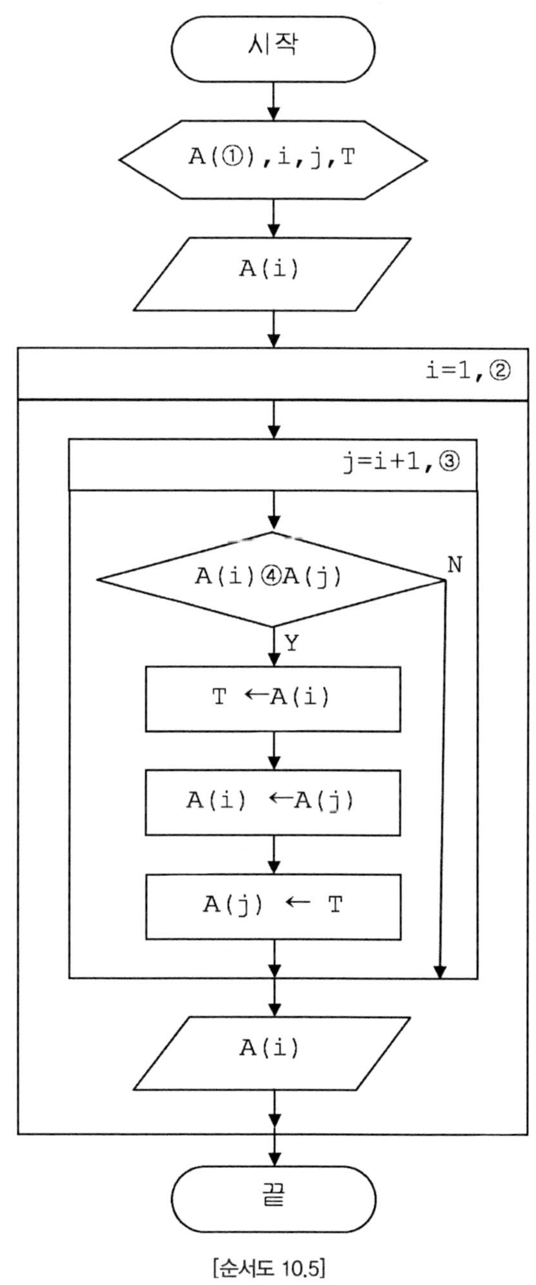

[순서도 10.5]

데이터가 8개 (5, 3, 6, 1, 7, 4, 8, 2) 인 경우 오름차순 정렬을 하기 위한 순서도를 완성하시오.

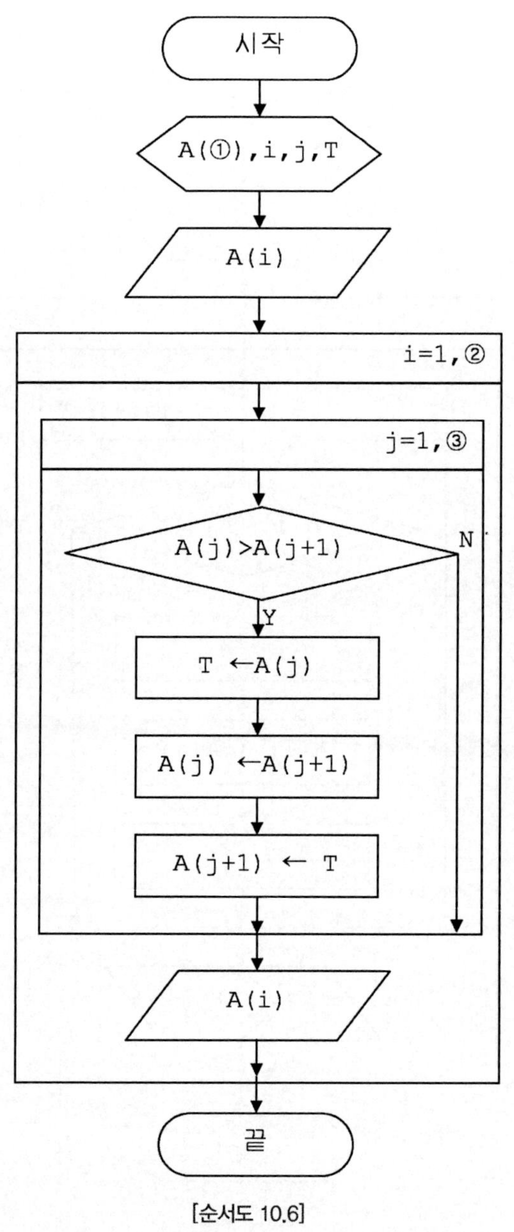

[순서도 10.6]

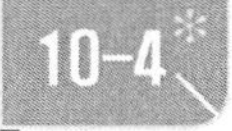

데이터가 9개 (5, 3, 9, 1, 6, 7, 4, 8, 2)인 경우 오름차순 정렬을 하기 위한
순서도를 완성하시오.

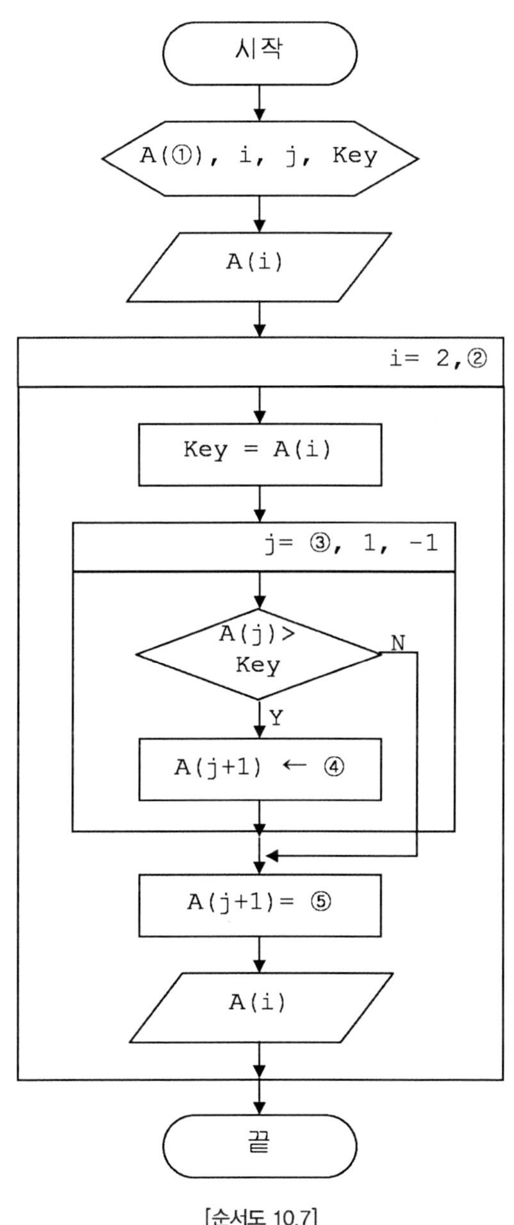

[순서도 10.7]

CHAPTER 11

정렬 알고리즘(2)

| CHAPTER 11 | 정렬 알고리즘(2)

학습목표

이 장에서는 정렬 알고리즘(2)에 관해 기술한다.
정렬 알고리즘(2)에서는 병합 정렬, 퀵 정렬에 대한 내용이
며 병합정렬은 대 용량인 경우 소 용량으로 나누어 10장에
서 기술한 정렬방법으로 정렬한 다음 사용하는 정렬방법이
다. 데이터가 대 용량인 경우 1개 파일로 정렬하는 것 보다
2개 이상의 파일로 나누어 각각 정렬한 다음 병합 정렬하는
것이 속도가 우수한 편이다. 퀵 정렬은 정렬 알고리즘 중 가
장 효율이 우수하다고 하지만 재귀 알고리즘이 적용됨으로
이해하기 어려운 점이 있다.

이 장의 구성

11-1. 병합정렬(Merge Sort)-(1)
11-2. 병합정렬(Merge Sort)-(2)
11-3. 퀵 정렬(Quick Sort)

CHAPTER 11

정렬 알고리즘(2)

11-1 병합정렬(Merge Sort) - (1)

배열 A에 (1, 3, 6, 8), 배열 B에 (2, 4, 5, 7, 9, 10)이 순차적으로 보관된 경우 배열 C에 오름차순으로 정렬하여 보자.

병합정렬은 이미 정렬되어 있는 2개의 파일을 1개 파일로 정렬하는 것이다.

```
A=(1, 3, 6, 8)  B=(2, 4, 5, 7, 9, 10)
C=(1, 2, 3, 4, 5, 6, 7, 8, 9, 10)
```

배열 A에는 4개 원소이고 배열 B는 6개 원소이므로 배열 C는 10개 원소가 되며 배열 A, B는 이미 정렬되어 있다.

배열 A, B에서 한 원소 씩 가져와 서로 비교하여 작은 것을 배열 C에 이동시키고 작은 원소가 있는 배열에서 다음 원소를 가져와 비교한 다음 전술한 과정을 반복한다.

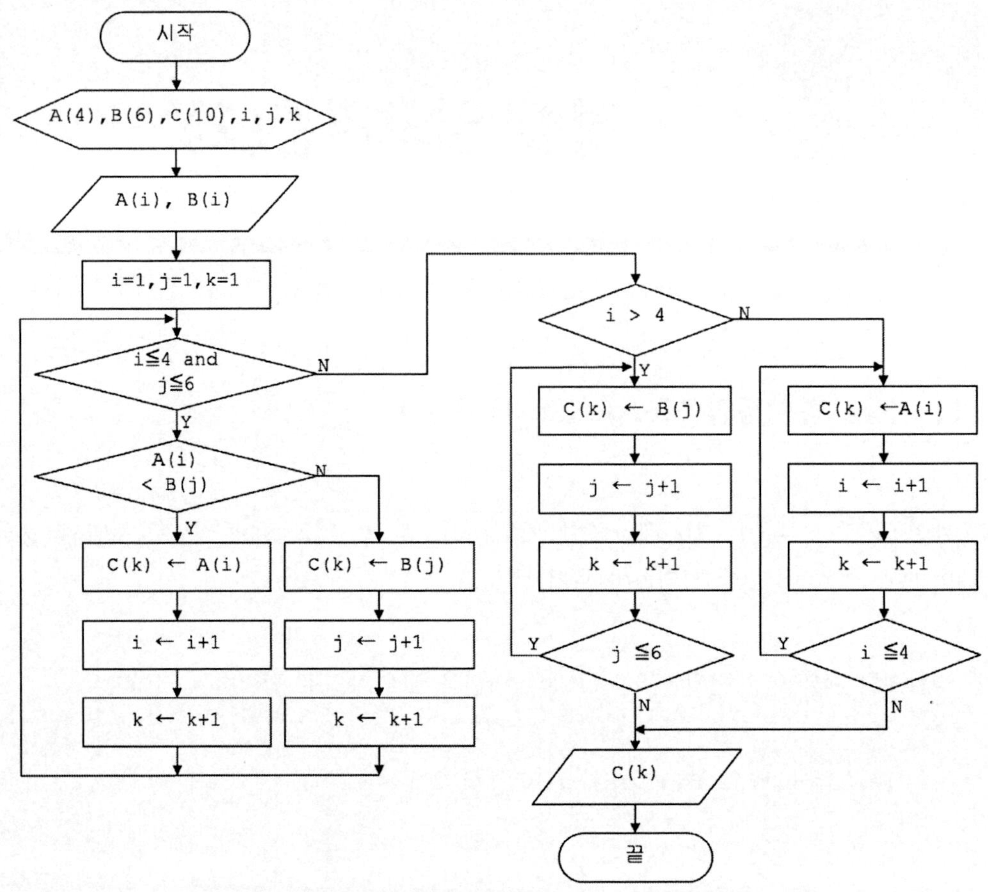

[순서도 11.1]

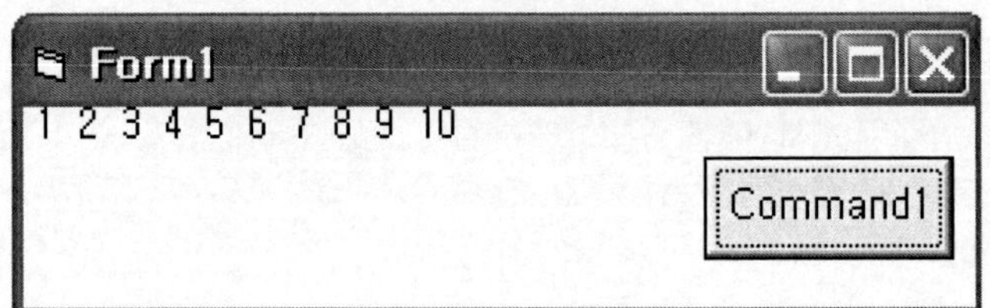

'p11-1

```vb
Private Sub Command1_Click()
    Dim A(4), B(6), C(10) As Integer
    Dim i, j, k As Integer

    A(1) = 1: A(2) = 3: A(3) = 6: A(4) = 8
    B(1) = 2: B(2) = 4: B(3) = 5: B(4) = 7
    B(5) = 9: B(6) = 10

    i = 1: j = 1: k = 1

    While (i <= 4) And (j <= 6)
        If A(i) < B(j) Then
            C(k) = A(i): i = i + 1: k = k + 1
        Else
            C(k) = B(j): j = j + 1: k = k + 1
        End If
    Wend

    If i > 4 Then
        Do
            C(k) = B(j): j = j + 1: k = k + 1
        Loop While (j <= 6)
    Else
        Do
            C(k) = A(i): i = i + 1: k = k + 1
        Loop While (i <= 4)
    End If


    For k = 1 To 10
        Print C(k);
    Next k
End Sub
```

　배열 A에 (1, 3, 6, 8, 2, 4, 5, 7, 9, 10)의 10개의 데이터가 2개 부분으로 순차적으로 보관되어 있다. 앞부분의 4개, 뒷부분의 6개는 이미 정렬되어 있는 경우 오름차순으로 C배열에 정렬하여 보자.

　배열 A의 앞부분 데이터의 인덱스가 1~4이고 뒷부분의 인덱스는 5~10이 되며 앞부분의 데이터, 뒷부분의 데이터가 정렬 된 상태이므로 2개의 그룹을 1개로 만드는 것이므로 병합정렬로 해결 할 수 있다.

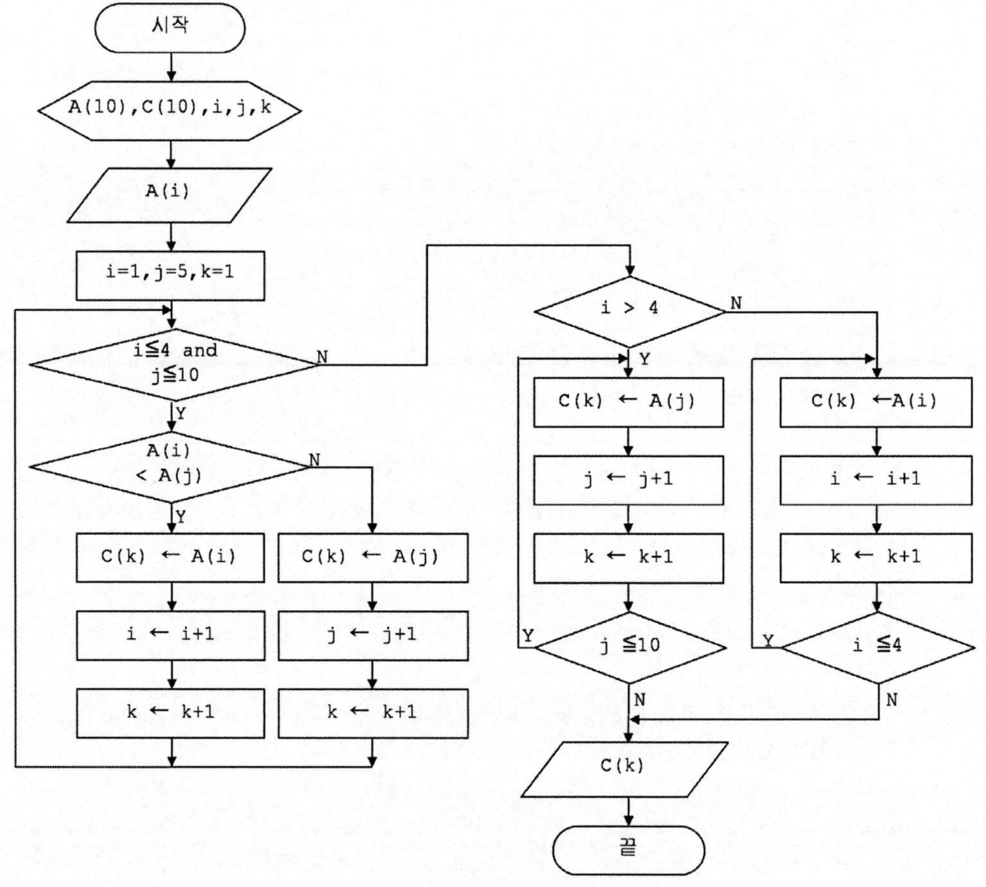

[순서도 11.2]

'p11-2

```
Private Sub Command1_Click()
    Dim A(10), C(10) As Integer
    Dim i, j, k As Integer

    A(1) = 1: A(2) = 3: A(3) = 6: A(4) = 8: A(5) = 2
    A(6) = 4: A(7) = 5: A(8) = 7: A(9) = 9: A(10) = 10

    i = 1: j = 5: k = 1
    While (i <= 4) And (j <= 10)
        If A(i) < A(j) Then
            C(k) = A(i): i = i + 1: k = k + 1
        Else
            C(k) = A(j): j = j + 1: k = k + 1
        End If
    Wend

    If i > 4 Then
        Do
            C(k) = A(j): j = j + 1: k = k + 1
        Loop While (j <= 10)
    Else
        Do
            C(k) = A(i): i = i + 1: k = k + 1
        Loop While (i <= 4)
    End If

    For k = 1 To 10
        Print C(k);
    Next k
End Sub
```

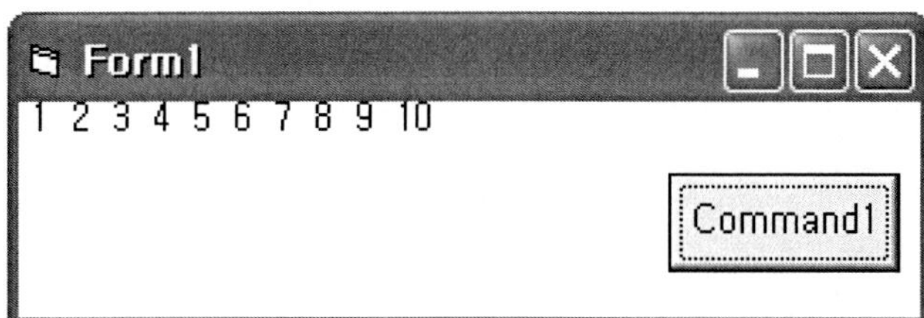

배열에 10개의 데이터 (6, 2, 8, 1, 9, 3, 10, 4, 7, 5)가 순차적으로 보관된 경우 오름차순으로 퀵 정렬 방법으로 정렬 하여 보자.

퀵 정렬을 하는 경우 다른 정렬 방법에 비해 데이터의 자료이동이 적으며 하나의 파일을 여러 개의 부 파일로 나누어 가면서 정렬을 진행하며 순환 알고리즘이 적용된다.

```
순서  m, n     1  2  3  4  5  6  7  8   9  10
①  (1, 10)   [6  2  ⑧  1  ⑨ ③ ⑩ ④  7  ⑤]
②  (1,  5)   [3  2  5  1  4] 6 [10 9   7   8]
③  (1,  2)   [1  2] 3 [5  4] 6 [10 9   7   8]
④  (4,  5)    1  2  3 [5  4] 6 [10 9   7   8]
⑤  (7, 10)    1  2  3  4  5  6 [10 9   7   8]
⑥  (7,  9)    1  2  3  4  5  6 [8  9  7] 10
              1  2  3  4  5  6  7   8   9  10
```

순서①은 초기의 데이터이며 순서②의 6을 중심으로 왼쪽은 6보다 작은 데이터이고 6의 오른 쪽은 6보다 큰 데이터로 구분이 되어 있으며 이 6을 제어키 또는 축값(pivot number)이라 한다.

순서①에서 m=1, n=10 이며 A(m)이 중심이 되어 오른쪽으로 큰 값, A(n)에서 왼쪽으로 작은 값을 찾고, 찾은 2개의 데이터가 왼쪽은 큰 값 오른쪽은 작은 값인 경우 서로 교환하고 이것을 반복한다. 만약 A(m)에서 오른쪽으로 큰 값과 A(n)에서 왼쪽으로 작은 값을 비교하여 왼쪽이 작은 값, 오른쪽이 큰 값이면 이 작은 값을 첫번째 데이터 A(m)과 교환한다. 이 결과가 순서②가 됨을 알 수 있다.

```
순서  m, n     1  2  3  4  5  6   7   8  9  10
①  (1, 10)   ❻  2  ⑧  1  9  3  10   4  7   ⑤  ; 8, 5 교환
             6  2  5  1  ⑨  3  10  ④  7   8  ; 9, 4 교환
             6  2  5  1  4  ③  ⑩   9  7   8  ; 6, 3 교환
②  (1,  5)   3  2  5  1  4  ❻  10   9  7   8  ; 순서① 종료
```

'p11-3

```
    Dim A(10) As Integer
    Dim i, j, m, n, T As Integer

Private Sub Command1_Click()
    A(1) = 6: A(2) = 2: A(3) = 8: A(4) = 1: A(5) = 9
    A(6) = 3: A(7) = 10: A(8) = 4: A(9) = 7: A(10) = 5
    m = 1: n = 10
    For i = 1 To 10: Print A(i);: Next i: Print "sort start": Print

    Call qsort(m, n)
    Print
    For i = 1 To 10: Print A(i);: Next i: Print "sort end"
End Sub

Sub qsort(m, n)
    If (m < n) Then
    i = m
    j = n + 1
10
    i = i + 1
    If A(m) > A(i) And i < n Then GoTo 10
20
    j = j - 1
    If A(m) < A(j) And j > m Then GoTo 20

    If i < j Then T = A(i): A(i) = A(j): A(j) = T: GoTo 10

    T = A(j): A(j) = A(m): A(m) = T

    Call qsort(m, j - 1)
    Call qsort(j + 1, n)
    End If
End Sub
```

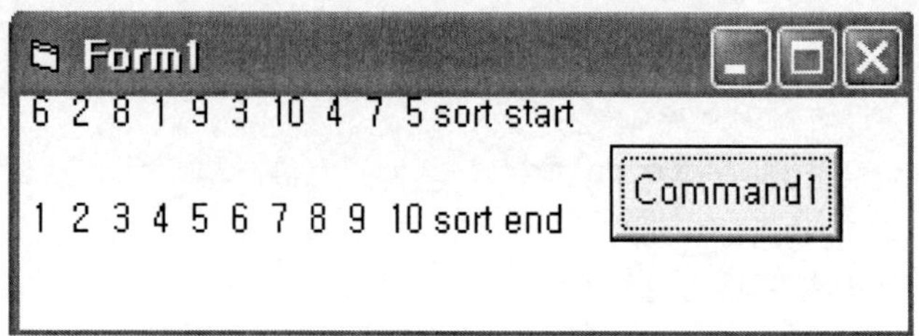

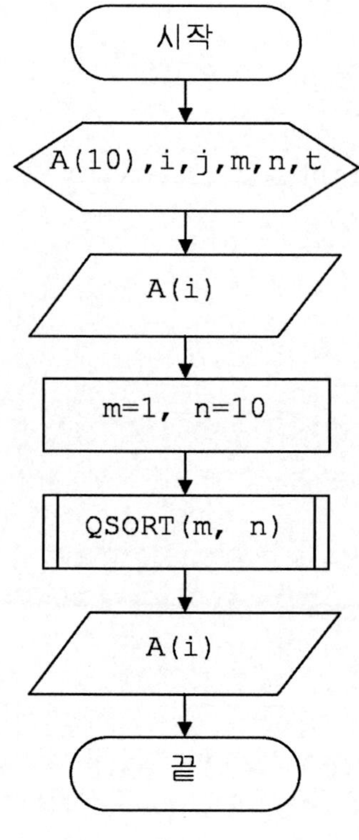

[순서도 11.3]

228

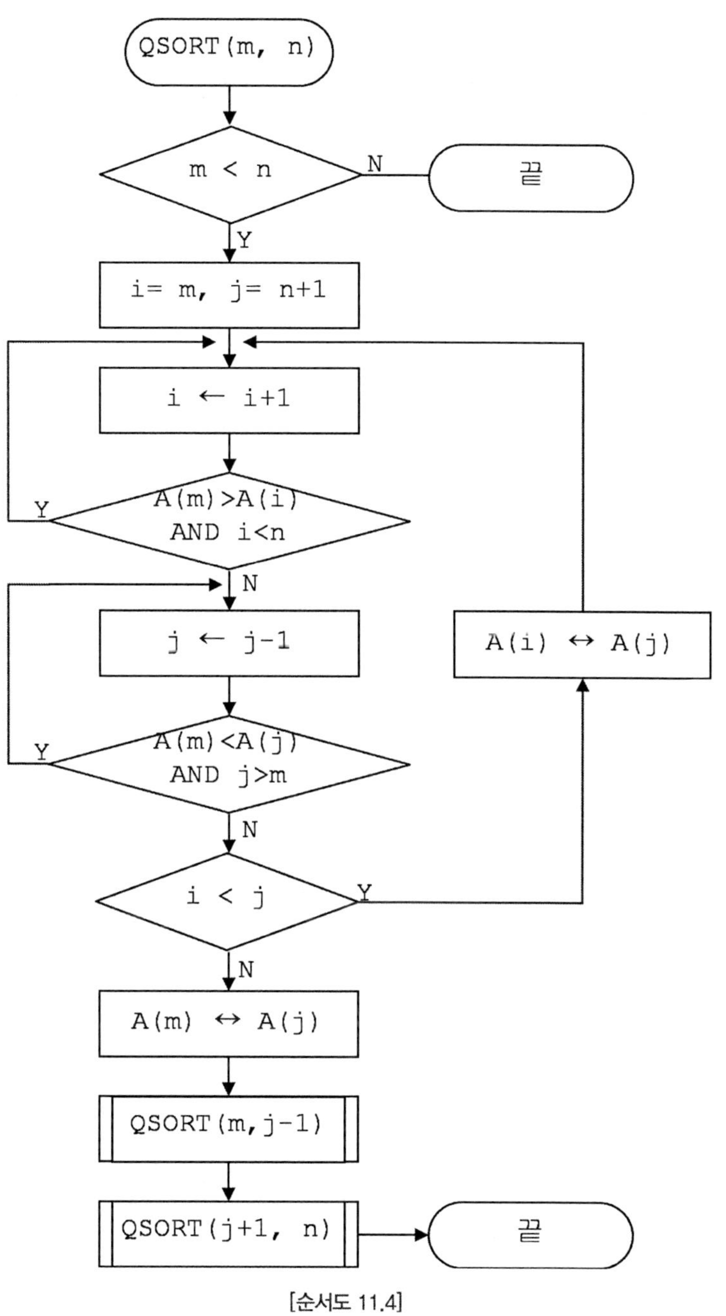

[순서도 11.4]

11-1 배열 A에 4개 데이터 (1, 3, 6, 8)이고 배열 B에 6개 데이터 (2, 4, 5, 7, 9, 10)이 정렬되어 있다. 배열 A와 배열 B의 정렬된 데이터를 배열 C에 오름차순 정렬을 위한 순서도를 완성하시오

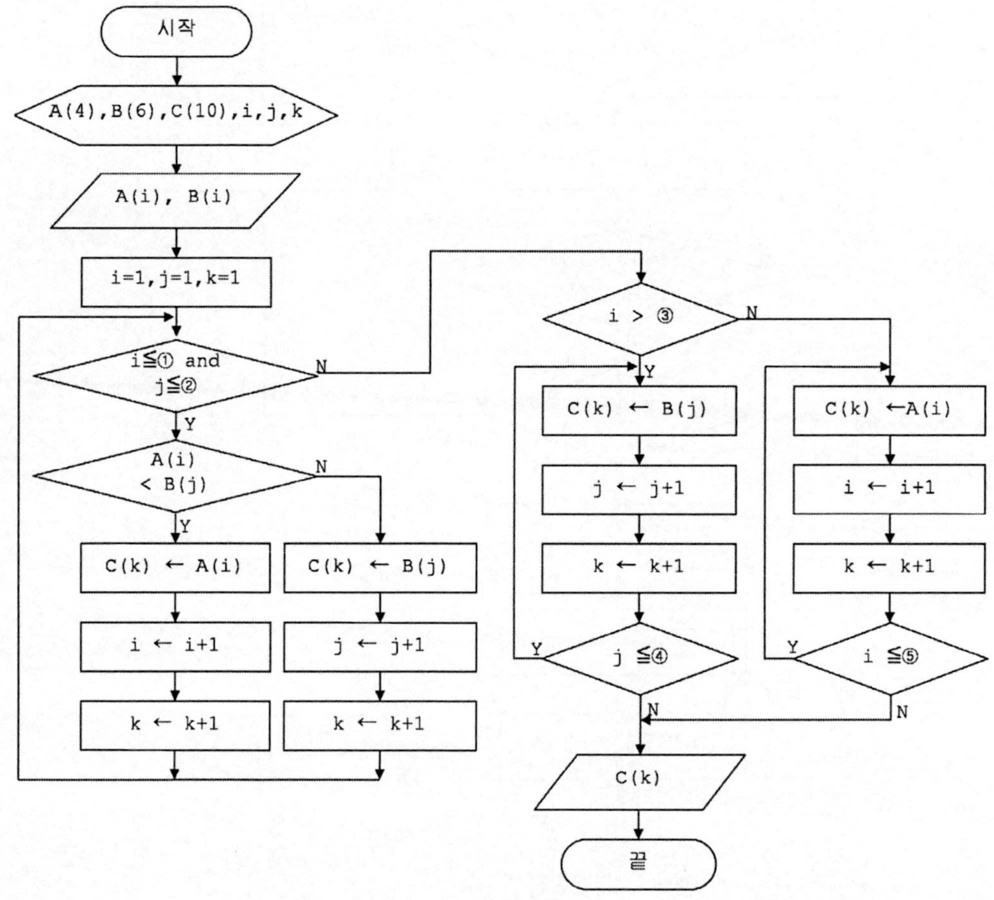

[순서도 11.05]

11-2* 배열 A에 6개 데이터 (2, 4, 5, 7, 9, 10)이고 배열 B에 4개 데이터 (1, 3, 6, 8)이 정렬되어 있다. 배열 A와 배열 B의 정렬된 데이터를 배열 C에 오름차순 정렬을 위한 알고리즘을 완성하시오.

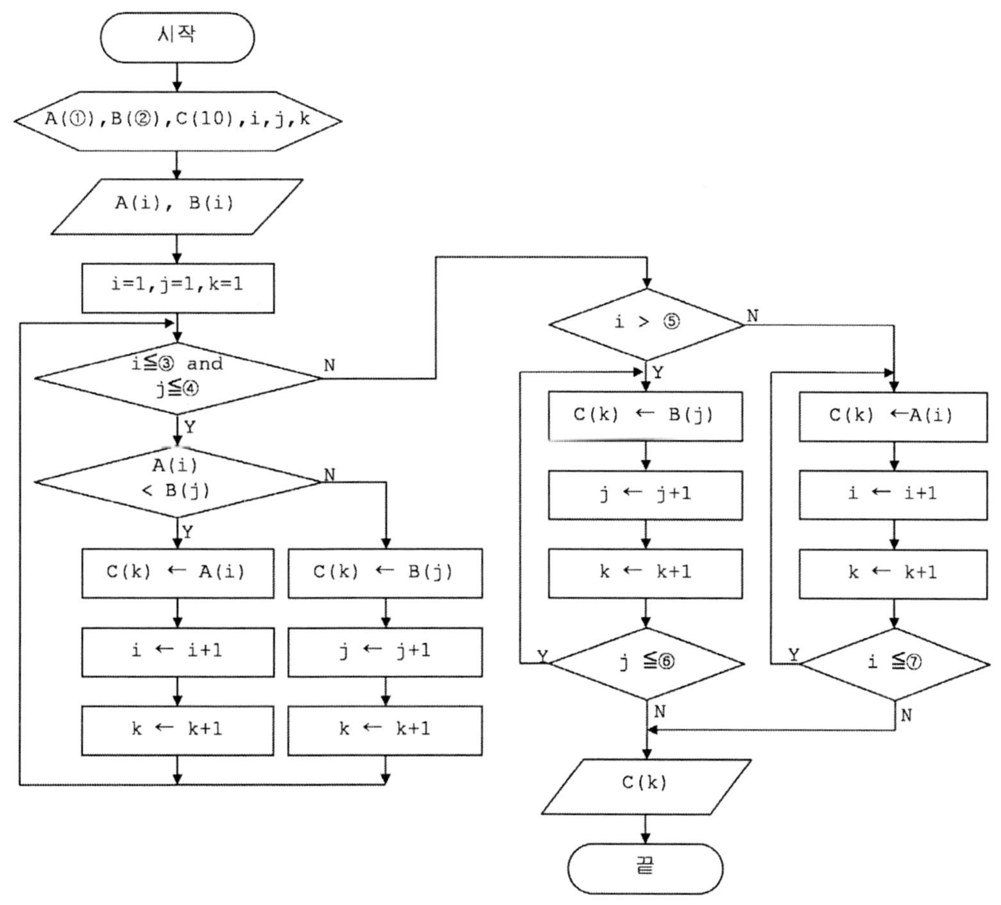

[순서도 11.6]

11-3* 배열 A에 (1, 6, 7, 2, 3, 4, 5, 8, 9, 10)의 10개의 데이터가 앞부분 3개 뒷부분 7개는 이미 정렬되어 있는 경우 배열 C에 정렬하는 순서도를 완성하시오.

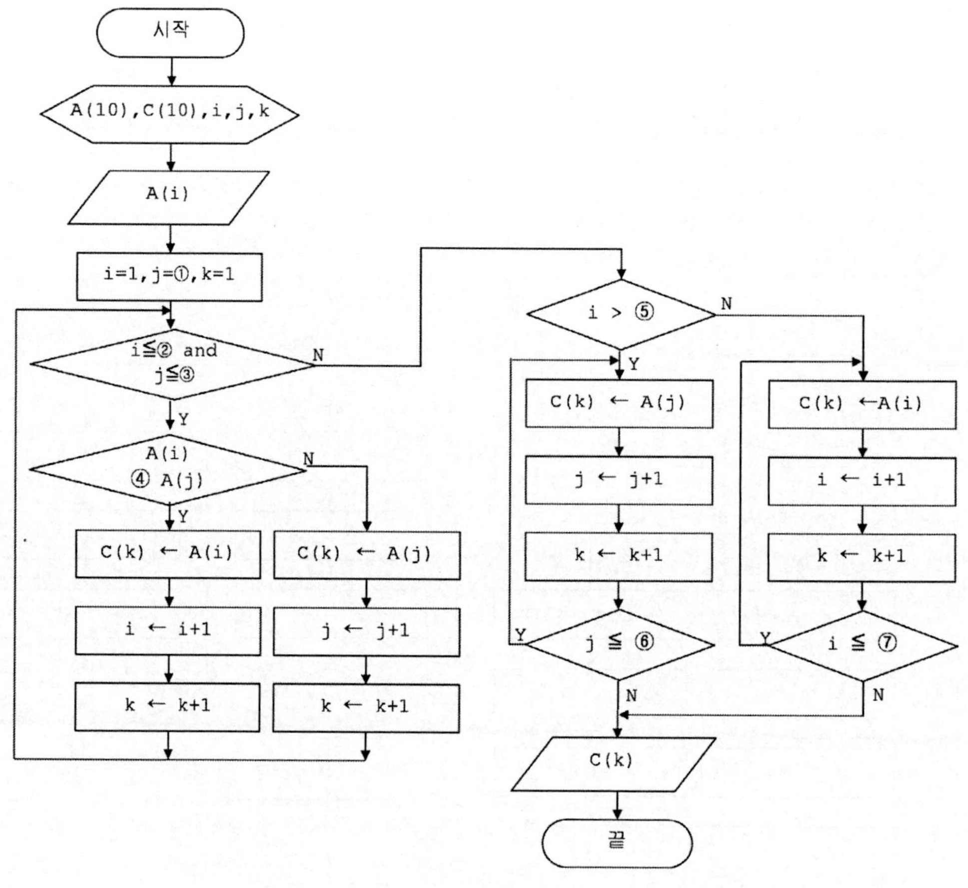

[순서도 11.7]

232

11-4 배열 A에 다음과 같은 데이터가 있는 경우 배열 C의 C(5)~C(14)에 정렬하는 순서도를 완성하시오.

데이터	1	7	10	2	3	4	5	6	8	9
A(i)	A(3)	A(4)	A(5)	A(6)	A(7)	A(8)	A(9)	A(10)	A(11)	A(12)

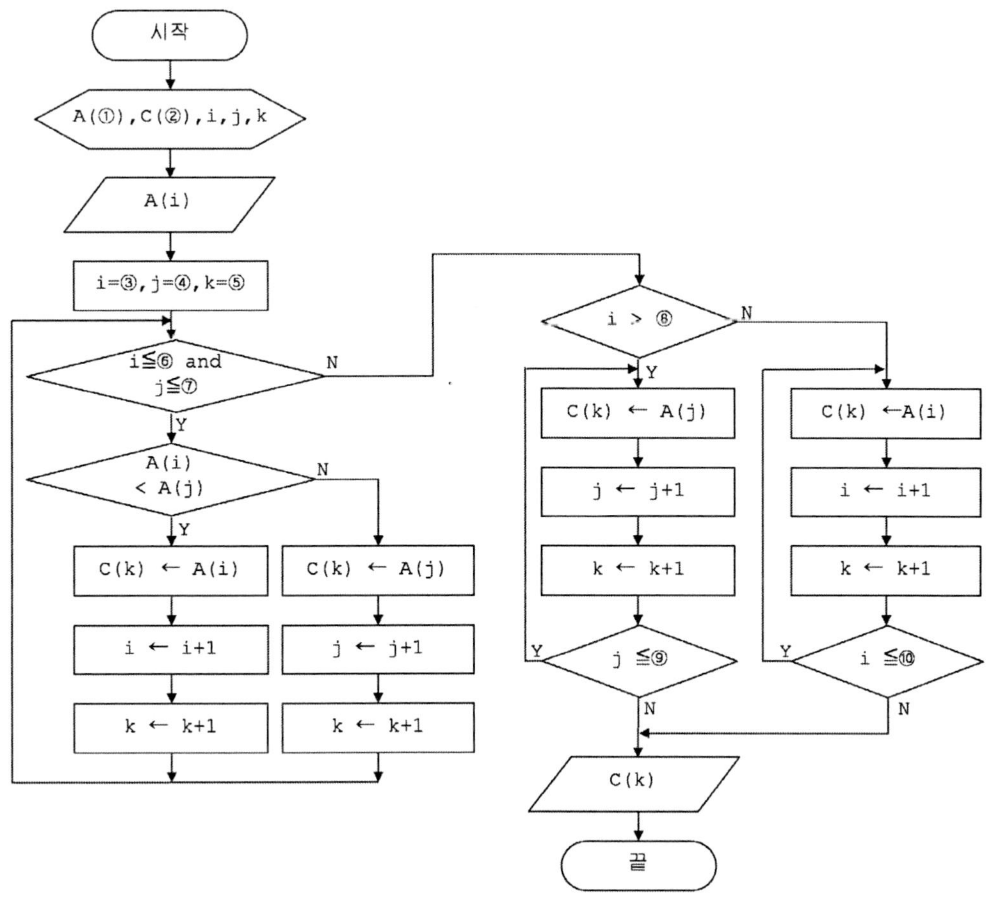

[순서도 11.08]

memo

CHAPTER 12

검색 알고리즘

| CHAPTER 12 | 검색 알고리즘

이장에서는 검색 알고리즘에 관해 기술한다.
검색 알고리즘이란 컴퓨터에 자료가 있는 경우 찾는 방법에 관한 내용이다. 검색 알고리즘은 자료가 정리 안 된 상태인 경우 순차검색으로, 자료가 정리된 상태인 경우 이진검색을 사용할 수 있다. 검색 알고리즘의 응용력을 향상시키기 위하여 소문자 대문자 상호변환, 숫자의 빈도문제를 이해 숙달한다.

이 장의 구성

12-1. 순차검색
12-2. 이진검색(Binary Serch)
12-3. 소문자 대문자 상호변환
12-4. 숫자의 빈도

CHAPTER 12

검색 알고리즘

12-1 순차검색(Sequential Search)

순차검색은 주어진 데이터가 정렬이 되지 않은 경우 사용하는 방법으로 첫 번째 자료부터 순차적으로 마지막 자료까지 검색 하는 방법이고 자료가 있는 경우 데이터가 있는 인덱스를 반환하고 자료가 존재하지 않는 경우도 고려히여야 한다.

배열 A에 (5, 3, 1, 4, 2)가 순차적으로 보관된 경우 1과 7을 검색하여 보자. 자료가 있는 경우 인덱스를 출력하고 자료가 존재하지 않는 경우 '99'를 출력하여 보자.

| 'p12-1 |

```
Private Sub Command1_Click()
    Dim i, s As Integer :Dim A(5) As Integer
    A(1) = 5: A(2) = 3: A(3) = 1: A(4) = 4: A(5) = 2

    s = 1
    For i = 1 To 5
      If A(i) = s Then Exit For
    Next i

    If i <= 5 Then
        Print i
    Else
        Print "99"
    End If
End Sub
```

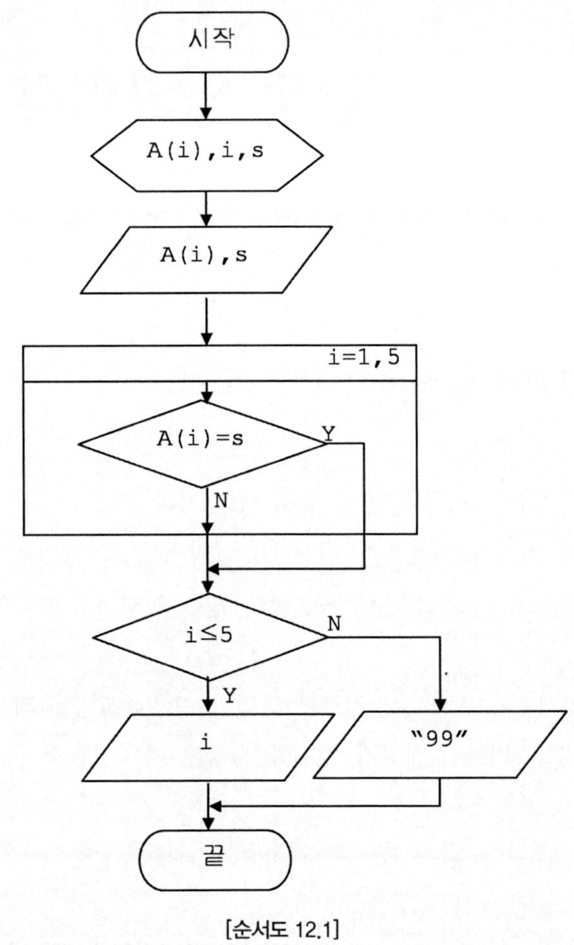

[순서도 12.1]

12-2 이분검색(Binary Search)

이분검색은 주어진 데이터가 오름차순으로 정렬이 되어 있는 경우 사용하는 방법이다.

배열에 10개 데이터 (1, 3, 5, 7, 9, 11, 13, 15, 17, 19)가 순차적으로 보관된 경우 7과 8을 검색하여 보자.

자료가 있는 경우 인덱스를 출력하고 자료가 존재하지 않는 경우 '99'를 출력하여 보자.

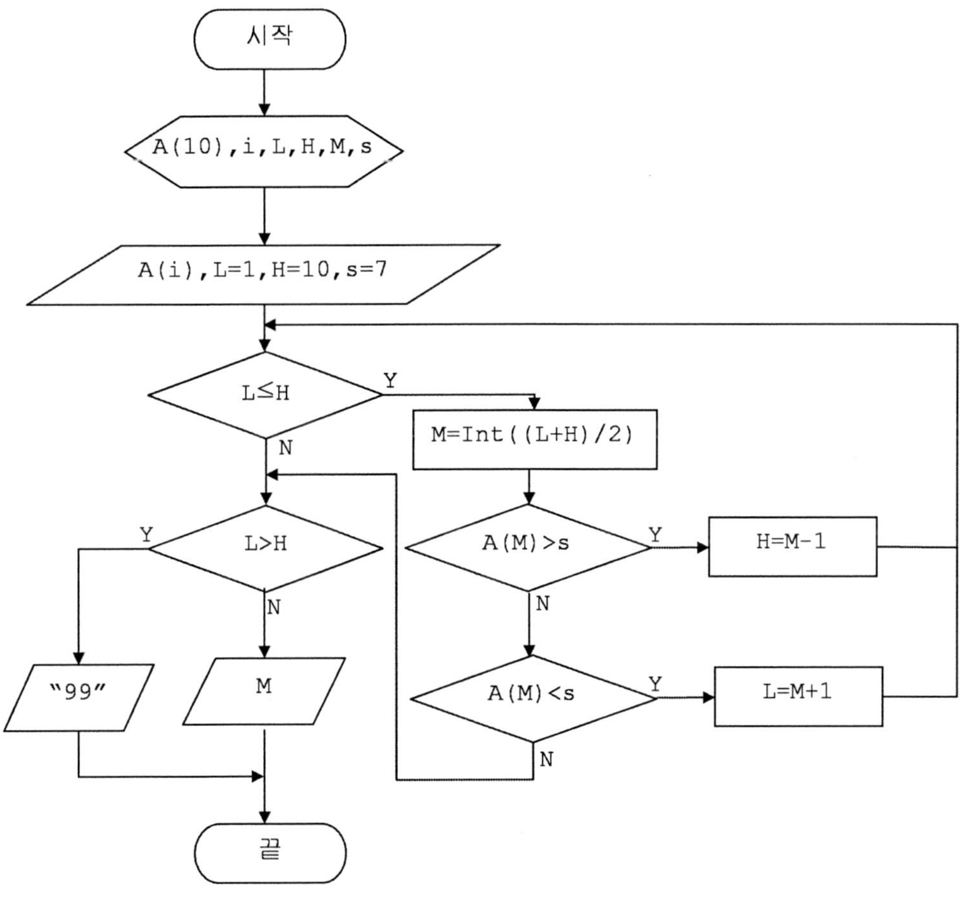

[순서도 12.2]

```vb
'p12-2

Private Sub Command1_Click()
    Dim A(10) As Integer
    Dim i, L, H, M, S As Integer

    A(1) = 1: A(2) = 3: A(3) = 5: A(4) = 7: A(5) = 9
    A(6) = 11: A(7) = 13: A(8) = 15: A(9) = 17: A(10) = 19

    L = 1: H = 10: S = 7

    Do While (L <= H)
        M = Int((L + H) / 2)

        If A(M) > S Then
            H = M - 1
        ElseIf A(M) < S Then
            L = M + 1
        Else
            Exit Do
        End If
    Loop

    If L > H Then Print "99" Else Print M

End Sub
```

12-3 소문자 대문자 상호변환

문자로 입력되는 "AbC3d"를 "aBc3D"로 변경하여 보자. 영문자 소문자는 대문자, 대문자는 소문자, 숫자는 변경 없이 변환을 하자.

부록 1. 아스키 코드 표를 살펴보면 a~z, A~Z를 연속적으로 보관되어 있음을 알 수 있고 숫자 0~9도 연속으로 보관 되어 있음을 알 수 있다. 부록 1에서 a의 아스키 코드의 값은 97이고 A의 아스키 코드의 값은 65이다. 알파벳에서 대문자인 경우 해당 아스키 코드의 값에 32를 더하면 소문자가 되고 소문자인 경우 32를 빼면 대문자가 된다.

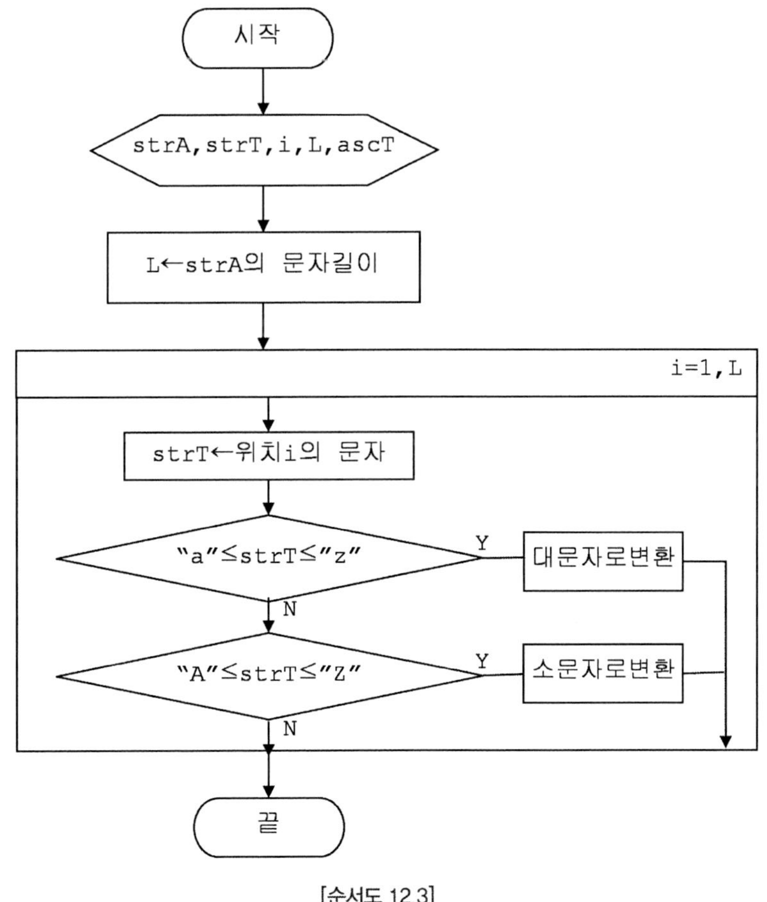

[순서도 12.3]

```vb
'p12-3
Private Sub Command1_Click()
    Dim strA, strT As String
    Dim i, L, ascT As Integer

    strA = "AbC3d"
    L = Len(strA)
    Print strA

    For i = 1 To L
        strT = Mid(strA, i, 1)

        If "a" <= strT And strT <= "z" Then
            ascT = Asc(strT) - 32
            Mid(strA, i, 1) = Chr(ascT)
        End If

        If "A" <= strT And strT <= "Z" Then
            ascT = Asc(strT) + 32
            Mid(strA, i, 1) = Chr(ascT)
        End If
    Next i

    Print strA
End Sub
```

12-4 숫자의 빈도

1~11 까지 숫자에서 1의 갯수는 몇 개 인가를 조사하여 보자.

1이 있는 데이터는 1, 10, 11 이므로 1의 갯수는 4개가 된다.

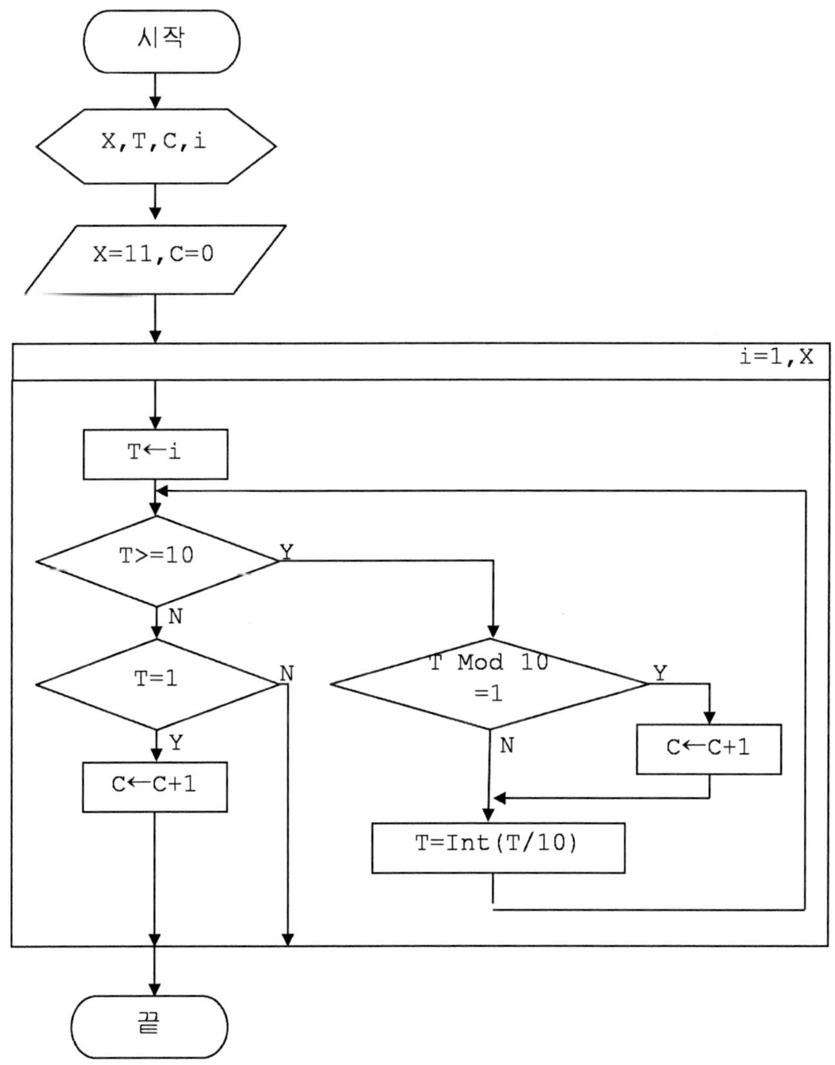

[순서도 12.4]

```vb
'p12-4

Private Sub Command1_Click()
    Dim i, X, T, C As Integer

    X = 11: C = 0

    For i = 1 To X

    T = i
    Do While (T >= 10)
        If (T Mod 10) = 1 Then
            C = C + 1
        End If

        T = Int(T / 10)
    Loop

    If T = 1 Then
        C = C + 1
    End If

    Next i

    Print C
End Sub
```

12-1 배열 A에 7개의 데이터 (7, 5, 3, 1, 6, 4, 2)가 순차적으로 보관된 경우 4와 9를 검색하는 경우 자료가 있는 경우 인덱스를 출력하고 없는 경우 "99"를 출력하는 순서도를 완성하시오.

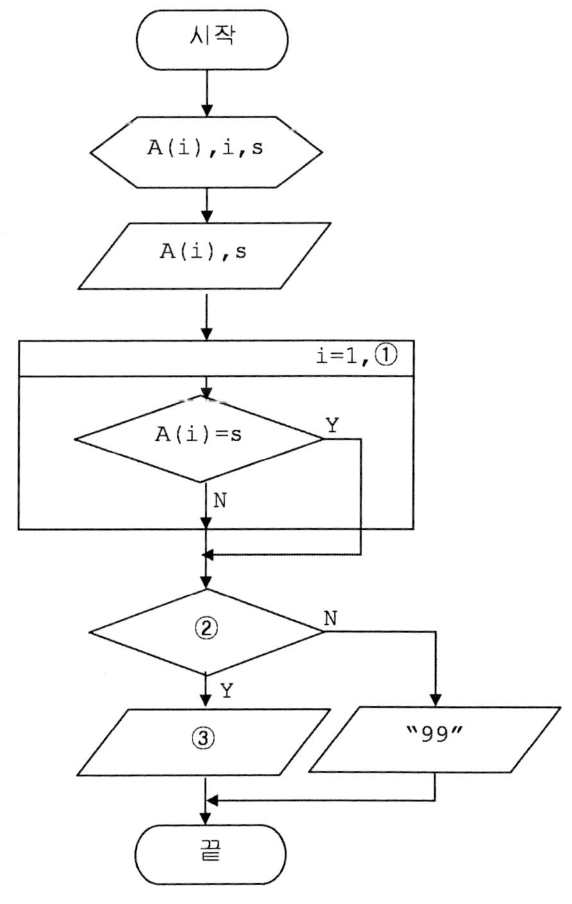

[순서도 12.5]

배열 A에 11개의 데이터 (1, 2, 4, 5, 7, 8, 9, 11, 12, 15, 17)이 순차적으로 보관된 경우 6과 7을 검색하는데, 자료가 있는 경우 인덱스를 출력하고 없는 경우 '99'를 출력하는 순서도를 완성하시오.

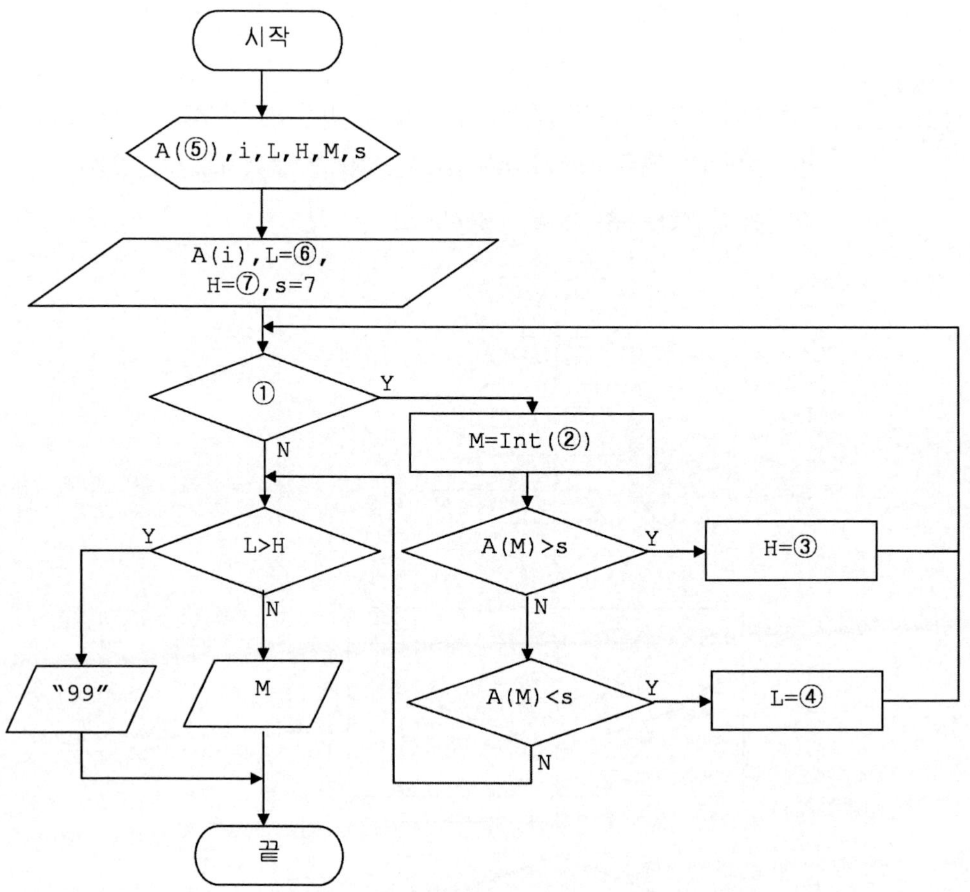

[순서도 12.6]

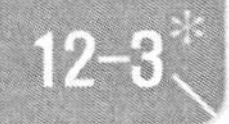

알파벳에서 소문자는 대문자로 대문자는 소문자로 변경하고 숫자는 변경이 없는 순서도를 완성하시오.

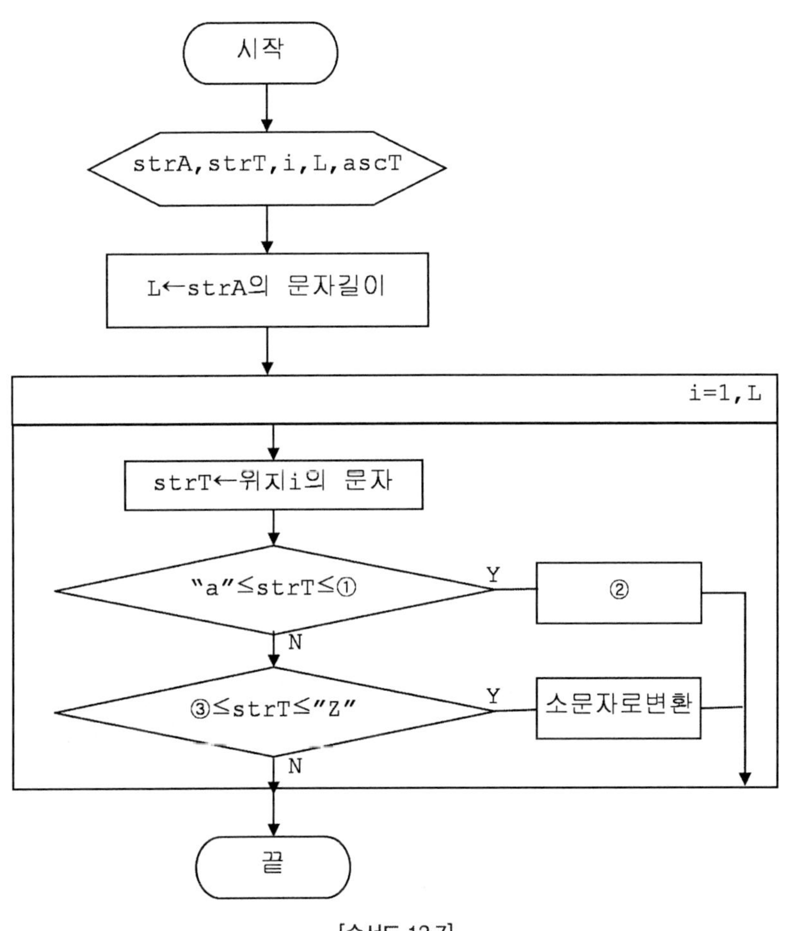

[순서도 12.7]

1~30까지 숫자에서 2개 개수가 몇 개인가를 조사하는 순서도를 완성하시오.

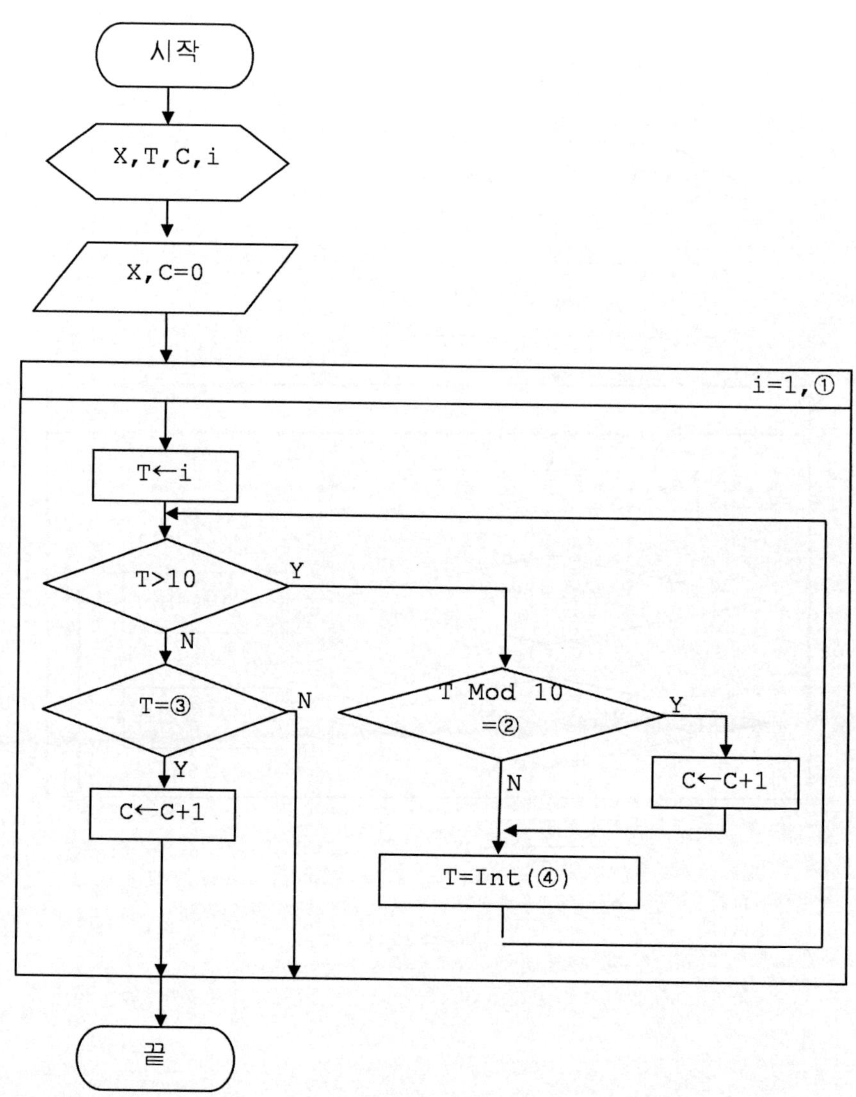

[순서도 12.8]

CHAPTER 13

함 수

| CHAPTER 13 | 수치 연산 라이브러리 함수

학습목표

이 장에서는 함수에 관해 기술한다.

함수는 내장함수와 사용자 정의 함수로 구분 할 수 있다. 내장함수인 사인, 코사인 값을 구하는 수치연산 라이버러리 함수의 사용법을 이해, 숙달을 하며 프로그램 중 같은 기능이 있는 부분을 사용자 정의 함수로 작성하며 사용하는 방법을 학습한다.

또한 함수 중 자기 자신의 함수를 호출하는 재귀 함수를 이해한다.

이 장의 구성

13-1. 수치연산 라이브러리 함수
13-2. 함수 작성
13-3. 재귀함수

CHAPTER 13

함 수

13-1 수치 연산 라이브러리 함수

라이브러리란 각종 프로그램을 기억시켜 놓고 필요할 경우 언제라도 사용 할 수 있도록 한 것으로 도서관에서 필요한 자료를 언제든지 사용 할 수 있는것과 같은 의미로 라이브러리라고 한다. 삼각함수에 관계된 시인, 코사인, 틴젠드등 표 13.1과 같은 함수들 외에도 많은 함수를 각종 프로그램 언어에서 제공한다.

[표 13.1] 라이브러리 함수

함수명	설명
Sin(x)	라디안x의 사인 값 계산
Cos(x)	라디안x의 코사인 값 계산
Tan(x)	라디안x의 탄젠트 값 계산
Atn(x)	라디안x의 Actangent 값 계산
Log(x)	상수 e를 밑으로 하는 x의 자연 로그 값 계산
Exp(x)	상수 e의 거듭 제곱수 계산

사인함수에서 0^0, 30^0, 60^0, 90^0의 값을 구하여 보자.

[표 13.2] 사인함수의 값

x	0^0	30^0	60^0	90^0
sin(x)	0	$\dfrac{1}{2}$=0.5	$\dfrac{\sqrt{3}}{2}$=0.8660	1

프로그램에서 sin(x)의 x는 라디안 값이므로 각도를 라이안으로 변경해야 한다. 360^0는 2π 이므로 각도 A에 해당 하는 라디안 x는 다음식과 같다.

$$360 : 2\pi = A : x$$
$$360 * x = 2\pi * \cdot A$$
$$x = \frac{\pi * A}{180}$$

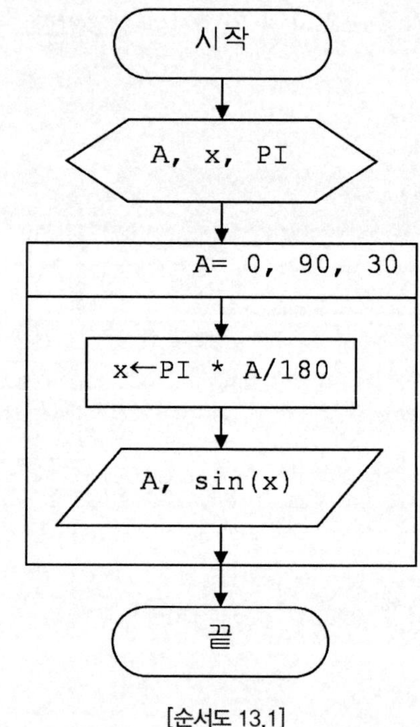

[순서도 13.1]

'p13-1

```
Private Sub Command1_Click()
    Dim A, i As Integer
    Dim x, PI As Double

    PI = 3.14159

    For A = 0 To 90 Step 30
        x = PI * A / 180
        Print A, Sin(x)
    Next A

End Sub
```

앞 절에서 Sin(x) 함수를 이용하며 사인 값을 계산하였다. 프로그램을 작성하면 프로그램의 중간, 중간에 사인함수를 사용 할 수 있다. 실제 사인함수는 프로그램으로 구성 되어 있으며 프로그래머는 이 사인함수를 사용하기만 하면 된다.

이제 사용자가 정의하는 함수를 작성하여 보자.
함수의 정의는 다음과 같다.

Function procname(매개변수 리스트)

[처리코드]

End Function

함수를 사용하는 경우 그 함수 이름으로 하나의 값을 반환 한다.

```
'p13-2
Private Sub Command1_Click()
    Dim A As Integer
    Dim B As Integer

    A = 2
    B = 3
    Print Addab(A, B)

End Sub
Function Addab(A As Integer, B As Integer) As Integer
    Addab = A + B
End Function
```

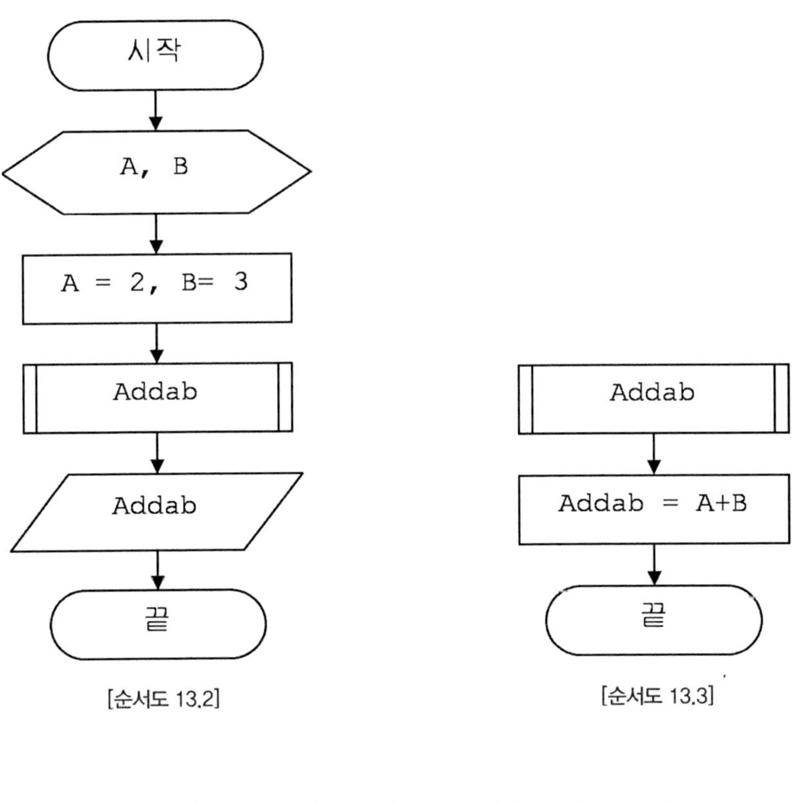

[순서도 13.2]

[순서도 13.3]

프로그램에서 재귀함수 (recursive function)는 자기 자신을 호출 하는 함수를 의미하며 재귀적으로 정의 되는 문제에서만 적용이 가능하고 이 교재의 11장 퀵 정렬에서 예를 볼 수 있다.

재귀함수의 개념을 4! 계산에서 이해하여 보자. 팩토리알(factorial)계산은 다음과 같다

```
1! = 1
2! = 2 * 1 =2
3! = 3 * 2 * 1 =6
4! = 4 * 3 * 2 * 1 = 24

4! = 4 * 3! = 4 * 3 * 2! = 4 * 3 * 2 * 1!
```

n! = n * (n-1)! 이므로 n! 을 계산하기 위해서는 n * (n-1)! 이 되므로 (n-1)!에서 팩토리알 계산이 필요하다. 즉 4! 계산하기 위해서 4 * 3! 이므로 3! 계산이 필요하고 3! = 3 * 2! 이므로 2! 계산이 필요하고 2! = 2 * 1! 이므로 1! 계산이 필요하다. 결국 4!을 계산하기 위해서 프로그램 예제에서 fact 함수를 호출 하는 경우 호출 하는 함수내에서 자기 자신 fact함수를 호출 해야만 하므로 이를 재귀함수로 표현 할 수 있다.

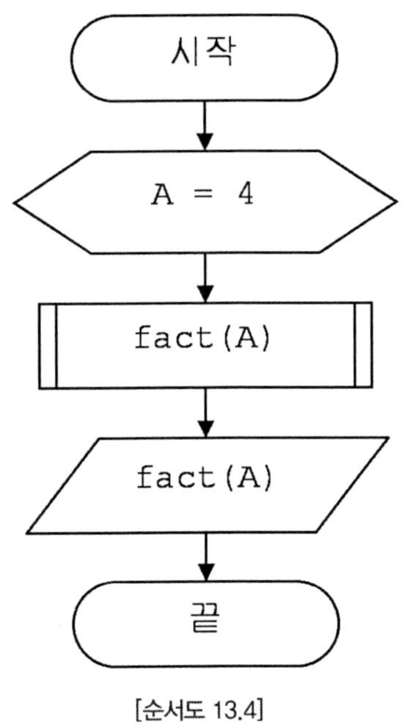

[순서도 13.4]

[순서도 13.5]

```
Private Sub Command1_Click()
    Dim A As Integer
    A = 4

    Print fact(A)

End Sub

Function fact(n As Integer) As Double
    If n = 1 Then
        fact = 1
    Else
        fact = n * fact(n - 1)
    End If

End Function
```

연습문제 EXERCISES

13-1 cos(x)에서 각도x의 값이 0^0에서 90^0까지 30^0씩 증가하는 경우 cos(x)의 값을 구하는 순서도를 완성하시오.

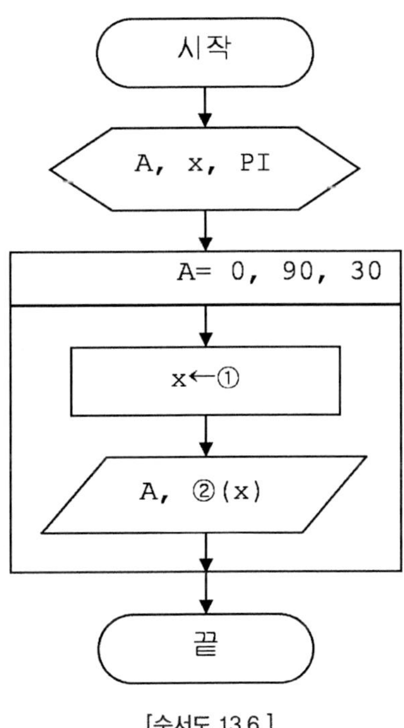

[순서도 13.6]

tan(x)에서 각도 x의 값이 0^0에서 90^0까지 15^0씩 증가하는 경우 tan(x)의 값을 구하는 순서도를 완성하시오.

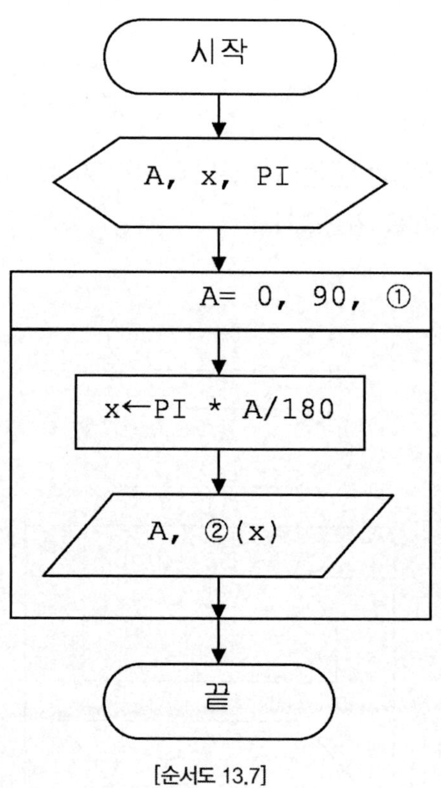

[순서도 13.7]

 log(x)에서 x의 값이 0.5에서 2.5까지 0.5씩 증가 하는 경우 log x의 값을 구하는 순서도를 완성하시오

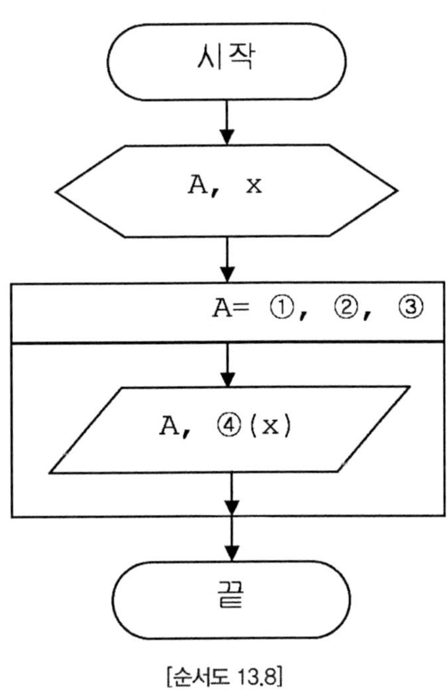

[순서도 13.8]

13-4 e^x에서 x의 값이 0에서 5까지 1씩 증가하는 경우 e^x의 값을 구하는 순서도를 완성하시오.

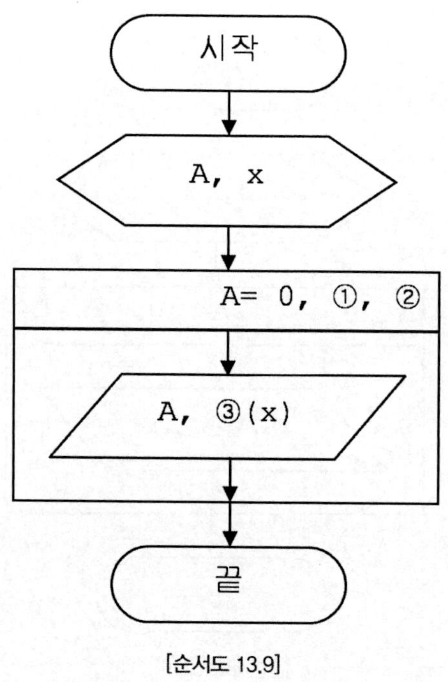

[순서도 13.9]

CHAPTER 14

순차파일 처리

| CHAPTER 14 | 순차파일 처리

학습목표

이 장에서는 순차파일 처리에 관해 기술한다.
파일종류에는 순차파일, 랜덤파일, 이진파일이 있으며 가장
기본이 되는 순차파일에 대해 학습한다. 순차파일의 열기,
쓰기, 읽기, 추가, 닫기 기능을 이해하고 숙달하며 2개의 파
일을 열기하여 병합정렬을 실행하며 파일의 기본적인 기능
을 이해하고 숙달한다.

이 장의 구성

14-1. 파일처리 개요
14-2. 순차파일 쓰기
14-3. 순차파일 읽기
14-4. 순차파일 추가
14-5. 순차파일 병합
14-6. 순차파일 행으로 읽기

순차파일 처리

14-1 파일 처리 개요

1. 파일의 종류

프로그래밍 언어에서 파일을 조작 하는 방법은 일반적으로 순차파일(sequential file), 랜덤파일(random file), 이진파일(binary file)방법이 있다.

■ 순차파일

순차파일이란 데이터를 한 바이트씩 쓰거나 읽는 방식의 파일이며 텍스트 문자 형태로 저장한다. 윈도의 메모장에서 열어 보았을 때 그 내용을 확인할 수 있다. 순차파일은 처음부터 순차적으로 쓰기가 되어 있으므로 중간의 데이터에 접근하기 위해서는 처음부터 순차적으로 접근해야 한다.

자료 갱신이 빈번하지 않는 경우 일반적으로 사용한다.

■ 랜덤파일

데이터들의 길이가 고정되어 있는 경우 읽고 작성할 때 사용한다. 데이터의 길이가 고정되어 있으므로 빠른 속도로 중간에 있는 데이터를 접근 할 수 있다. 데이터 길이가 고정 이므로 사용자정의 데이터형인 경우 사용할 수 있다.

■ 이진파일

데이터를 처리할 때 모든 문자를 바이트 단위로 처리한다. 데이터의 형식이나 길이

가 정해져 있지 않으므로 중간의 데이터를 접근 할 수 없고 처음부터 순차적으로 접근
하여야 한다.

2. 순차파일 열기

다음과 같은 Open명령으로 파일을 연다. 모드에는 Input(읽기), Output(쓰기), Append(추가)가 있으며 모드의 내용은 표 14.1과 같다.

> **문법** Open 파일명 For 모드 As #파일번호

파일명은 열고자 하는 파일이름과 경로 정보를 나타낸다. 파일번호는 정수를 사용하며 임의로 지정 할 수 있다.

[표 14.1] 모드 종류

모드(mode)	설명
Input	읽기전용이며 쓰기는 할 수 없다. 해당 파일은 지정 경로에 있어야한다.
Output	쓰기전용이며 읽기는 할 수 없다. 파일명이 지정경로에 생성이 되며 지정경로에 파일이 있는 경우 기존 데이터는 지워진다.
Append	기존에 있는 데이터 끝에서 쓰기를 한다. 기존파일이 없는 경우 파일이 생성되며 쓰기를 한다.

■ Input 모드

> **문법** Open 파일명 For Input As #파일번호

읽기전용으로 파일명의 파일이 열기가 되며 파일의 첫 데이터부터 순차적으로 읽을 수 있다.

■ Output 모드

> **문법** Open 파일명 For Output As #파일번호

쓰기전용으로 파일명의 파일이 생성이 되며 처음부터 순차적으로 저장할 수 있다. 지정경로에 파일이 있는 경우 기존 데이터는 지워지므로 주의해야 한다.

■ Append 모드

> **문법** Open 파일명 For Append As #파일번호

파일의 끝에 데이터를 추가하여 저장하여 기존의 데이터는 있는 상태에서 추가가 된다.

3. 순차파일 닫기

파일번호에 해당하는 파일의 닫기가 되며 해당 파일을 작업한 후에는 닫기를 하지 않으면 예상치 못한 데이터의 손실이 있을 수 있으므로 파일을 열어서 작업한 뒤에는 파일을 꼭 닫아야 한다.

> **문법** close #파일번호

　　5개의 숫자 데이터 (1, 2, 3, 4, 5)를 파일에 쓰기하며 보자. 파일 이름은 c 디렉토리에 "c:\test.txt"로 하자. 파일쓰기를 한 후 메모장으로 파일의 내용을 확인하여보자. 파일을 처리할 경우 파일열기, 프로그램이 끝나기 전에 파일 닫기를 하여야 한다. 프로그램의 주석문인 'Open App.Path & "Wtest.txt" For Output As #1 로 파일명을 지정하면 현재 사용중인 디렉토리가 지정되며 Print #1, i 는 1번 파일에 i를 쓰기가 된다.

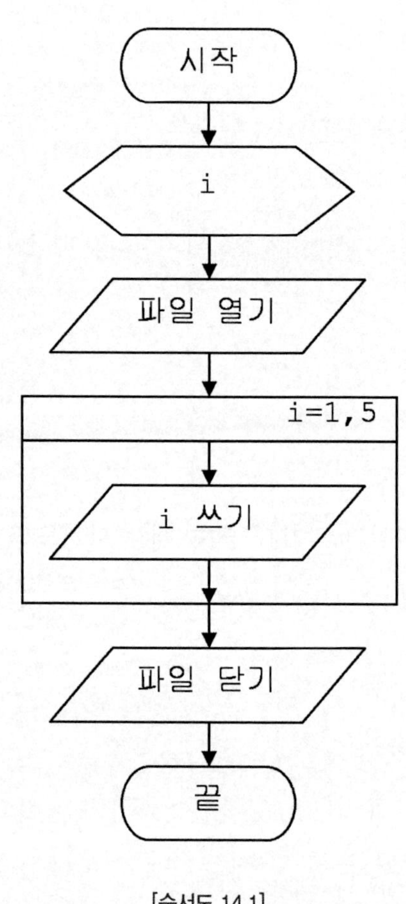

[순서도 14.1]

'p14-1

```
Private Sub Command1_Click()
    Dim i As Integer

    'Open App.Path & "\test.txt" For Output As #1
    Open "c:\test.txt" For Output As #1
      For i = 1 To 5
          Print #1, i
          Print i
       Next i
       Print "file write end !!"
    Close #1

End Sub
```

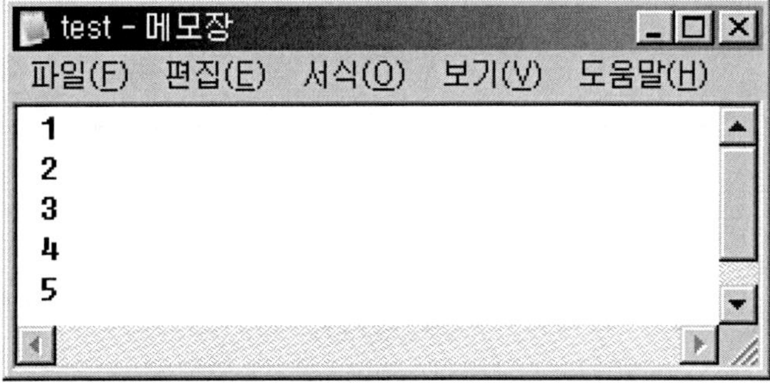

앞 절에서 순차파일 쓰기로 생성한 "c:\test.txt"의 내용 (1, 2, 3, 4, 5)를 파일 읽기 명령으로 읽어서 화면에 출력하여 보자.

프로그램에서 Do While Not EOF(1)의 EOF(1)은 1번 파일의 끝(end of file)을 의미한다.

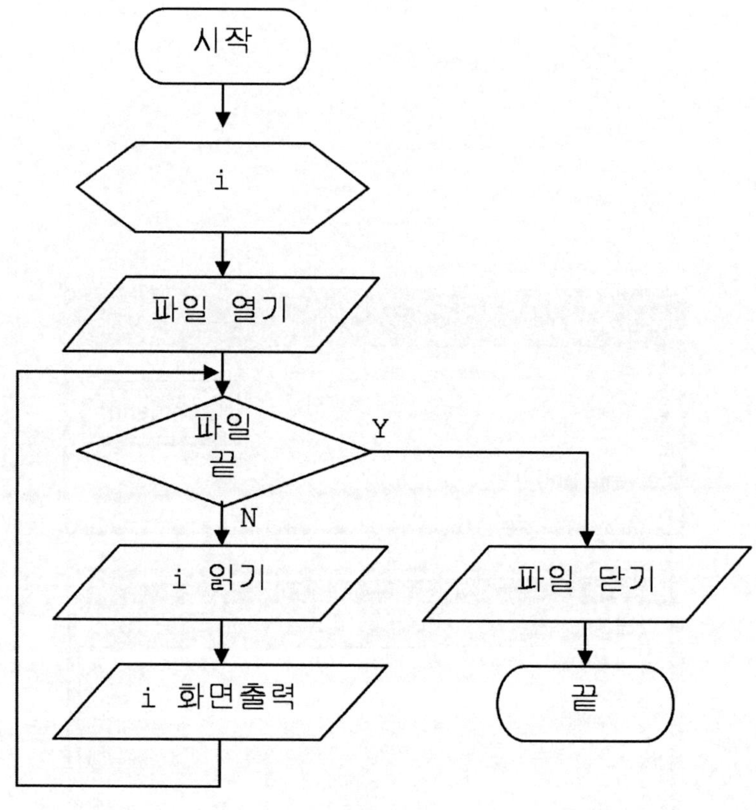

[순서도 14.2]

'p14-2

```
Private Sub Command1_Click()
    Dim i As Integer

    'Open App.Path & "\test.txt" For Input As #1
    Open "c:\test.txt" For Input As #1
        Do While Not EOF(1)
            Input #1, i
            Print i
        Loop
        Print "file read end !!"
    Close #1

End Sub
```

앞 절에서 생성한 "c:\test.txt"의 내용 (1, 2, 3, 4, 5)에 (6, 7, 8, 9, 10)을 파일에 추가(append)하여 보자. 파일에 데이터를 추가한 후 "c:\text.txt" 파일을 열기하여 읽고 화면에 출력하여 보자.

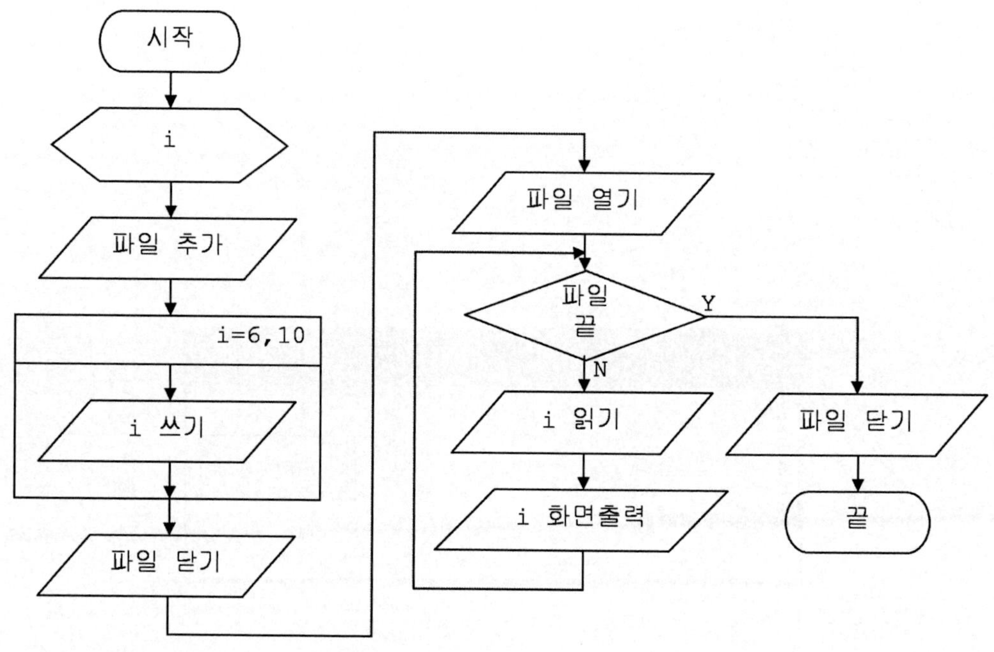

[순서도 14.3]

'p14-3

```vb
Private Sub Command1_Click()
    Dim i As Integer

    'Open App.Path & "\test.txt" For Output As #1
    Open "c:\test.txt" For Append As #1
        For i = 6 To 10
            Print #1, i
            Print i
        Next i
        Print "file append end !!"
    Close #1

    Open "c:\test.txt" For Input As #1
        Do While Not EOF(1)
            Input #1, i
            Print i;
        Loop
        Print "append file read end !!"
    Close #1

End Sub
```

14-5 순차파일 병합

파일 2개를 동시에 열어서 1개 파일로 병합하며보자. 열기한 파일을 각각 1개씩 읽어서 새로운 파일에 쓰는 것을 반복하자.

"c:\ml.txt"에는 5개 데이터 (1, 3, 5, 7, 9)를 쓰고 "c:\m2.txt"에는 (2, 4, 6, 8, 10)을 쓰기 한 후 2개 파일의 내용을 각각 1개씩 읽어 "c:\m12"에는 (1, 2, 3, 4, 5, 6, 7, 8, 9, 10)이 되도록 하자.

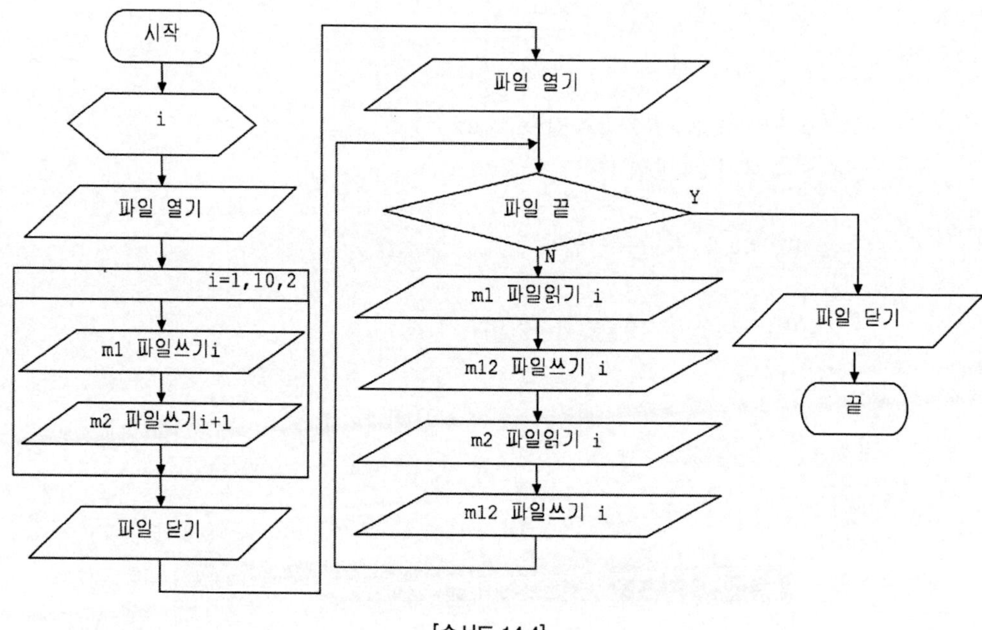

[순서도 14.4]

'p14-4

```
Private Sub Command1_Click()
    Dim i As Integer

    'Open App.Path & "\test.txt" For Output As #1
    Open "c:\m1.txt" For Output As #1
    Open "c:\m2.txt" For Output As #2
        For i = 1 To 10 Step 2
```

```
        Print #1, i
        Print #2, i + 1
        Print i, i + 1
    Next i
    Print "2 file output end !!"
Close #1, #2

Open "c:\m1.txt" For Input As #1
Open "c:\m2.txt" For Input As #2
Open "c:\m12.txt" For Output As #3
    Do While Not (EOF(1) Or EOF(2))
        Input #1, i
        Print #3, i
        Print i

        Input #2, i
        Print #3, i
        Print i
    Loop
    Print "merge file read end !!"
    Close
End Sub
```

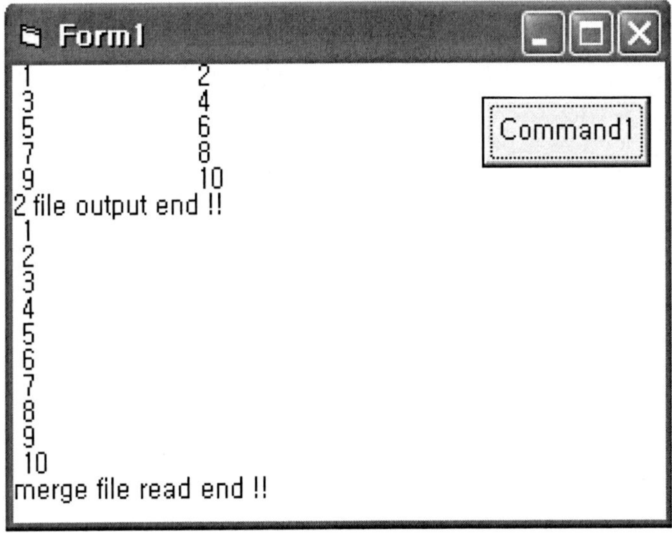

 순차 파일에서 한개 행에 있는 모든 데이터를 읽는 Line Input 명령은 읽은 데이터를 문자로 입력하여야 한다. 순차파일에 (1, 2, 3, 4, 5)를 1행에 쓰기 하기 위해서는 "print #1, i;"에서 "i" 다음에 ";"을 사용해야 한개 행에 연속 쓰기가 되며 ";"이 없는 경우 다음 행에 쓰기가 된다. "testline.txt" 파일에 (1, 2, 3, 4, 5)를 한 개 행에 쓰기하고 Line Input 명령으로 strT 문자변수에 읽기하고 5개의 데이터를 수치화하여 합한 결과를 화면에 출력하자.

 프로그램에서 Print Len(strT) 문장으로 strT 문자변수의 길이를 확인한다.

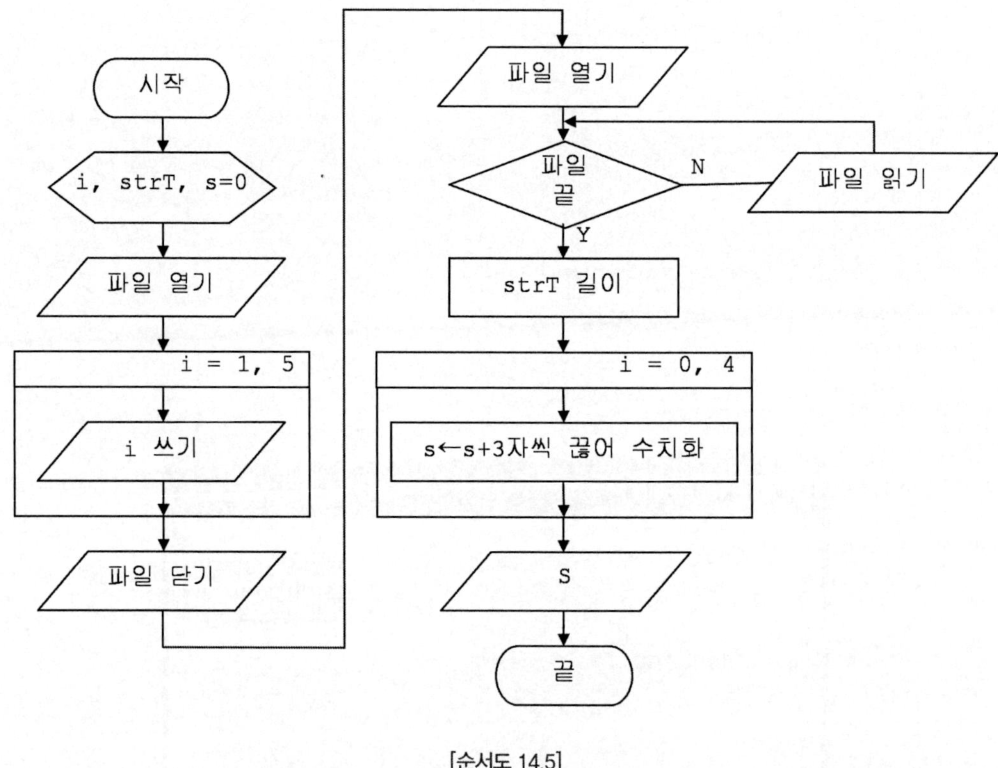

[순서도 14.5]

'p14-5

```vb
Private Sub Command1_Click()
    Dim i, s As Integer
    Dim strT As String

    'Open App.Path & "\test.txt" For Output As #1
    Open "c:\testline.txt" For Output As #1
        For i = 1 To 5
            Print #1, i;
            Print i;
        Next i
        Print "file output end !!"
    Close #1

    Open "c:\testline.txt" For Input As #1
        Do While Not EOF(1)
            Line Input #1, strT
            Print strT
        Loop

        Print "file line input read end !!"
    Close #1

    Print Len(strT)
    For i = 0 To 4
        s = s + Val(Mid(strT, i * 3 + 1, 3))
    Next i

    Print s

End Sub
```

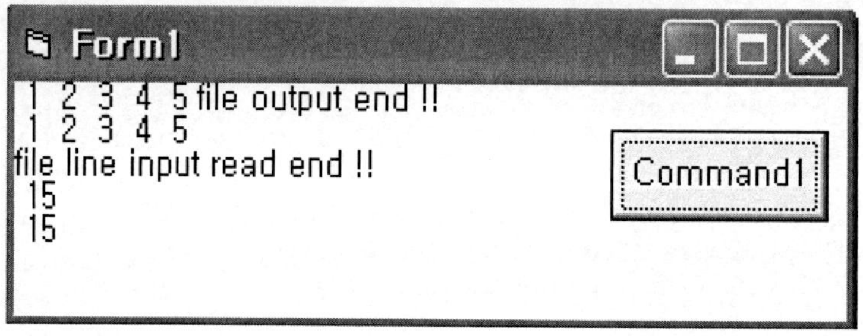

Form1
1 2 3 4 5 file output end !!
1 2 3 4 5
file line input read end !!
15
15
Command1

연습문제 EXERCISES

14-1 1~10까지 10개의 숫자데이터를 "c:\T.txt"파일에 쓰기 하는 순서도를 완성
하시오.

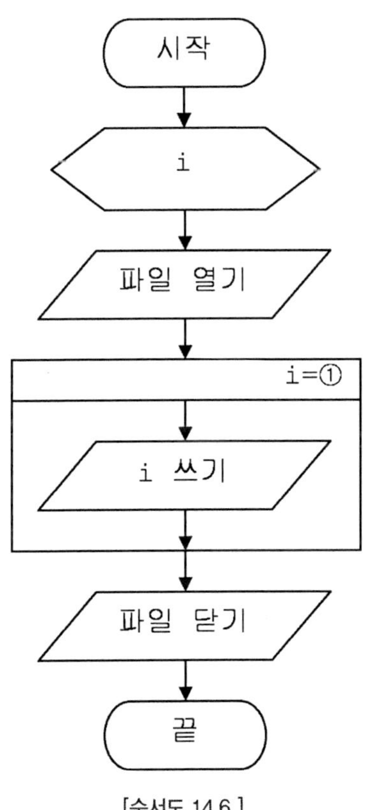

[순서도 14.6]

연습문제 14.1에서 생성한 "c:\T.txt"의 10개의 데이터를 읽어 화면에 출력하는 순서도를 완성하시오.

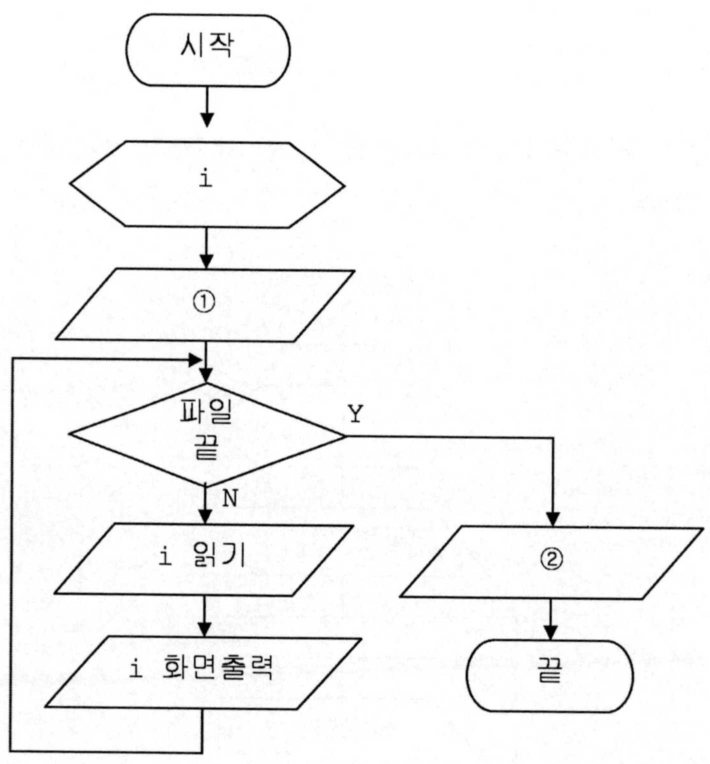

[순서도 14.7]

14-3＊ 연습문제 14.1에서 생성한 ˝c:₩T.txt˝에 11~20까지 숫자 10개를 추가한 후
다시 이 파일을 읽어 화면에 출력하는 순서도를 완성하시오.

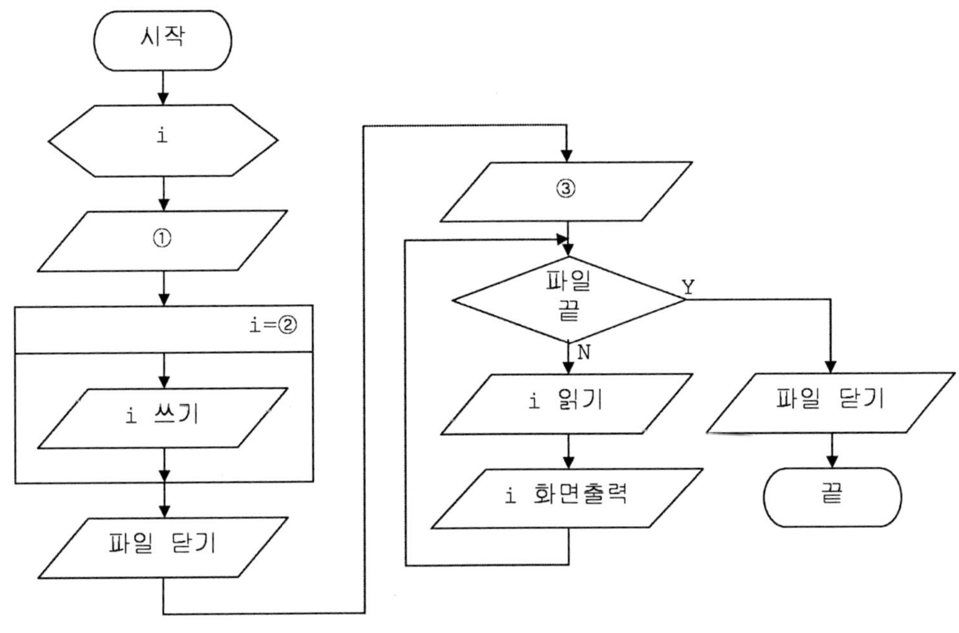

[순서도 14.8]

2~21까지 데이터에서 홀수 항을 차례로 "c:₩T1.txt"파일에 순차쓰기하고
짝수 항을 차례로 "c:₩T2.txt"파일에 순차쓰기를 한 후 2개 파일의 내용을
"c:₩T12.txt"파일에 병합을 하는 순서도를 완성하시오.

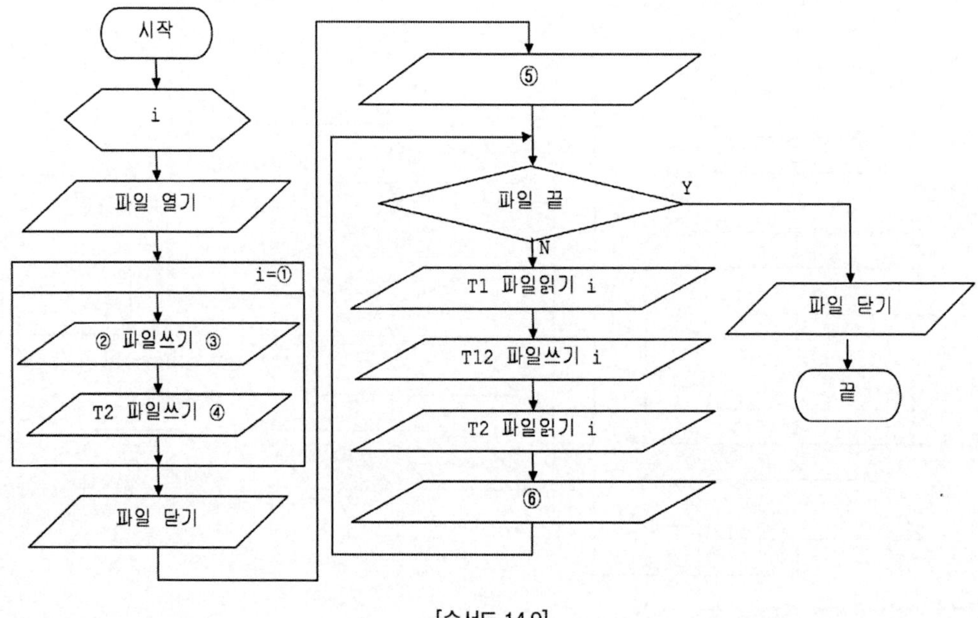

[순서도 14.9]

1~100을 이용한
알고리즘의 이해(1)

CHAPTER
부 록

| 부 록 |

이 장의 구성

1. 아스키 코드
2. 데이터 형식
3. 1~100 숫자
4. 수의 진법
5. 참고문헌

1. 아스키(ASCII) 코드

1.1 아스키 코드

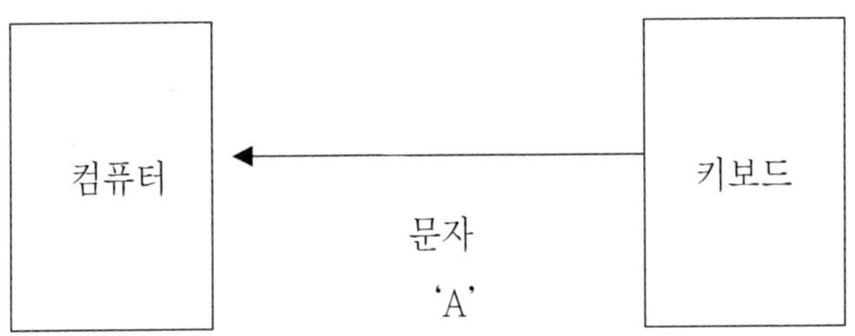

키보드에서 문자 'A'를 누르면 컴퓨터의 메모리에 'A'가 기억된다. A라는 모양이 기억되는 것은 아니며 아스키(ASCII) 코드인 경우 0100 0001y이 기억되며 1문자는 1바이트(8비트)에 대응되어 있다.

영어의 경우 대문자 26자, 소문자 26자, 숫자 10자, 특수 문자를 포함하면 $128(=2^8)$ 종류가 되지 않으므로 7비트를 사용하여 키보드에 있는 모든 문자를 1대 1 대응 할 수 있고 패리티 1비트를 포함해 8비트로 1문자를 표현하는 것이다. 그러므로 컴퓨터에서 문자열 'ABCD'를 보관하기 위해서는 4바이트가 필요하게 된다. 이와 같이 대응하는 방법에 따라 ASCII(american stand code for information interchange), EBCDIC(extended BCD interchange code)등의 코드가 있다.

[부록 표 1. 아스키 코드]를 보면 A~Z, a~z, 0~9까지가 연속으로 보관되어 있고 산술 기호 및 제어문자가 있다. A~Z는 41H~5AH범위에 보관되므로 프로그램에서는 이러한 연속적인 성질을 가끔 이용한다.

ASCII 코드는 컴퓨터 내부에 데이터의 보관 및 컴퓨터와 컴퓨터의 통신에 이용된다.

[부록. 표 1] 아스키 코드

Hex	Dec	Chr	Ctrl	Hex	Dec	Chr	Hex	Dec	Chr	Hex	Dec	Chr
00	0	NUL	^@	20	32	SP	40	64	@	60	96	`
01	1	SOH	^A	21	33	!	41	65	A	61	97	a
02	2	STX	^B	22	34	"	42	66	B	62	98	b
03	3	ETX	^C	23	35	#	43	67	C	63	99	c
04	4	EOT	^D	24	36	$	44	68	D	64	100	d
05	5	ENQ	^E	25	37	%	45	69	E	65	101	e
06	6	ACK	^F	26	38	&	46	70	F	66	102	f
07	7	BEL	^G	27	39	'	47	71	G	67	103	g
08	8	BS	^H	28	40	(	48	72	H	68	104	h
09	9	HT	^I	29	41	)	49	73	I	69	105	i
0A	10	LF	^J	2A	42	*	4A	74	J	6A	106	j
0B	11	VT	^K	2B	43	+	4B	75	K	6B	107	k
0C	12	FF	^L	2C	44	,	4C	76	L	6C	108	l
0D	13	CR	^M	2D	45	−	4D	77	M	6D	109	m
0E	14	SO	^N	2E	46	.	4E	78	N	6E	110	n
0F	15	SI	^O	2F	47	/	4F	79	O	6F	111	o
10	16	DLE	^P	30	48	0	50	80	P	70	112	p
11	17	DC1	^Q	31	49	1	51	81	Q	71	113	q
12	18	DC2	^R	32	50	2	52	82	R	72	114	r
13	19	DC3	^S	33	51	3	53	83	S	73	115	s
14	20	DC4	^T	34	52	4	54	84	T	74	116	t
15	21	NAK	^U	35	53	5	55	85	U	75	117	u
16	22	SYN	^V	36	54	6	56	86	V	76	118	v
17	23	ETB	^W	37	55	7	57	87	W	77	119	w
18	24	CAN	^X	38	56	8	58	88	X	78	120	x
19	25	EM	^Y	39	57	9	59	89	Y	79	121	y
1A	26	SUB	^Z	3A	58	:	5A	90	Z	7A	122	z
1B	27	ESC		3B	59	;	5B	91	[	7B	123	{
1C	28	FS		3C	60	<	5C	92	₩	7C	124	|
1D	29	GS		3D	61	=	5D	93	]	7D	125	}
1E	30	RS		3E	62	>	5E	94	^	7E	126	~
1F	31	US		3F	63	?	5F	95	_	7F	127	DEL

1.2 패리티(parity)

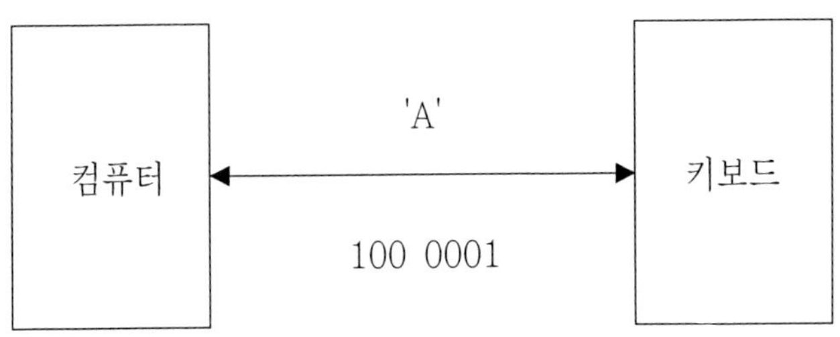

　패리티 비트는 컴퓨터와 컴퓨터가 통신을 할 때 데이터가 전송되는 동안 발생 할 수 있는 에러를 조사하기 위한 방법으로 고안 되었다.

　패리티 비트를 사용하는 방법을 보자.

　컴퓨터 상호간에 데이터를 주고 받을 때 한쪽 컴퓨터에서 문자 'A'를 송신하면 아스키 코드로 100 0001y을 보낸다. 송신할 때 이 7비트와 패리티 1비트를 첨가하여 8비트로 만들어서 보낸다고 가정하자.

$$A = 100\ 0001$$
$$패리티 + A = 0100\ 0001 \ ; \ 짝수\ 패리티$$
$$\uparrow$$
$$패리티$$

　1 비트를 첨가하여 1의 갯수를 짝수개로 만들기 위해서는 0, 1중에서 0을 선택하여야 하므로 0100 0001y이 된다.

　수신측에서 데이터를 수신하여 1의 수를 조사한다. 만약 1의 수가 홀수 개 이면 수신한 데이터는 에러가 된다. 이것이 패리티를 이용하는 방법이다. 만약 2비트가 0에서 1로 변경되면 결과는 에러가 되지 않지만 이러한 정도의 송수신 확률은 없다고 해도 무방하다.

[부록. 표 2] 비주얼 베이직 6.0 데이터 형식

데이터형		크기(Byte)	값의 범위
정수형	Byte	1(부호없는 정수)	0 ~ 255
	Integer	2(짧은 정수)	−32,768 ~ 32,767
	Long	4(긴 정수)	−2,147,483,648 ~2,147,483,647
실수형	Single	4(단정도 실수)	−3,402823E38 ~ −1,401298E−45까지(음수 값) 1,401298E−45~ 3,402823E38까지(양수 값)
	Double	8(배정도 실수)	−1,79769313486232E308 ~ −4,94065645841247E−324까지(음수 값) 4,94065645841247E−324 ~ 1,79769313486232E308까지(양수 값)
논리형	Boolean	2	True, False
문자열형	String	가변길이	10바이트 + 문자열의 길이(0~ 약 2조)
	String	고정길이	1~ 약65,400 문자열
통화형	Currency	8	−922,337,203,685,477.5808~ 922,337,203,685,477.5807
가변형	Variant (숫자)	16	Double형 모든 숫자
	Variant (문자)	가변길이	22바이트 + 문자열 길이
날짜형	Date	8	100년 1월 1일에서 9999년 12월 1일까지

2.1 수치자료의 표현

컴퓨터에 입력되는 수치가 123, 1.23, "abc" 이라면 컴퓨터 내부에 어떻게 기억이 될까?

자료는 수치 자료와 비수치 자료로 나누고, 수치 자료는 소수점이 없는 정수, 소수점이 있는 실수로 나누어 구별하며 비수치 자료는 문자 자료를 의미하여 사람이름, 주소 등이 여기에 속하고 컴퓨터 용어로는 일반적으로 스트링(string)이라고 한다.

■ 정수

정수(integer fixed point number)는 표현된 수의 제일 오른쪽에 소수점이 있다고 가정하므로 고정 소수점수(fixed point)라고 한다.

컴퓨터에서 정수를 표현하는 방법은 1의 보수, 2의 보수가 있다. 2가지 방법에서 정수의 양수 부분은 표현 방법이 동일하고 음수부분에서 차이가 있다. 보수는 컴퓨터에서 정수부분 중 음수를 표현하는 규약이다.

1의 보수	2의 보수	수의 범위
0111 1111	0111 1111	+127
0111 1110	0111 1110	+126
:	:	
0000 0001	0000 0001	+1
0000 0000	0000 0000	+0
1111 1111	없음	−0
1111 1110	1111 1111	−1
:	:	
1000 0001	1000 0010	−126
1000 0000	1000 0001	−127
−	1000 0000	−128

[부록. 그림 1] 8비트로 표현된 정수 표현 범위

1의 보수에서 부호를 살펴보자

$$0 \quad 111 \quad 1111 = +127$$
$$1 \quad 000 \quad 0000 = -127$$

여기서 최상위 비트는 각각 0, 1이다. +127은 0이고 −127은 1이며 컴퓨터에서 양수는 최상위 비트가 0이며 음수는 최상위 비트가 1이다.

부호를 무시하고 수치로 크기를 살펴보자.

$$0 \quad 111 \quad 1111 = +127$$
$$1 \quad 000 \quad 0000 \rightarrow 2^7 = 128$$

+127의 다음 수는 1000 000이며 이는 2진법 가중치를 고려하여 계산하면 2^8이 된다. 8비트로 표현하는 경우 양수의 최대치는 +127이므로 이는 2^7-1이 되며 16비트이면 $2^{15}-1=32767$이 된다.

그림 1에서 보면 8비트인 경우 MSB가 0이면 양수를 의미하고 표현 범위는 0000 0000 ~ 0111 1111이 되며 10진수로 표시하면 0 ~ +127이 된다. 이것을 일반적으로 쓰면 $127=28^{-1}-1$이 되고 n비트이면 $2^{n-1}-1$이 정수를 표현할 수 있는 범위가 된다.

• 부호 없는 정수

부호가 없는 경우 8비트로 표현하면 0~255가 되며 데이터에서 음수가 없는 경우 사용한다.

$$1111 \quad 1111 = 255$$
$$0000 \quad 0000 = \quad 0$$

- **1의 보수**

음수를 표현하는 1의 보수를 살펴보자

```
0000  0001 = +1        0111  1111 = +127
1111  1110 = -1        1000  0000 = -127
```

양수 +1에 해당하는 음수 -1은 양수에는 0는 1, 1은 0으로 변경하면 된다. -1의 최상위비트가 1이므로 음수를 의미한다. 또한 +127에 해당되는 -127도 최상위 비트가 1임을 알 수 있다.

- **2의 보수**

음수를 표현하는 2의 보수를 살펴보사

```
0000 0001 = +1            0111 1111 = +127
1111 1110 = -1 (1의 보수)    1000 0000 = -127 (1의 보수)
1111 1111 = -1 (2의 보수)    1000 0001 = -127 (2의 보수)
```

양수 +1에 해당하는 2의 보수 음수 -1은 1의 보수인 -1에서 +1하면 가능하며 2의 보수 -1에서도 최상위 비트가 1이므로 음수임을 알 수 있다.

1의보수인 경우 +0, -0이 있고 2의 보수인 경우 -0은 없다. 2의 보수인 경우에는 1000 000을 -128로 정하는 약속이다. 2의 보수에서 1000 0000을 논리적으로 양의 수를 만들 수 없다.

[예] 8, -8을 1의 보수와 2의 보수를 사용하여 8비트로 표현하라.
　　　+8인 경우 1의 보수, 2의 보수는 같다.
　　　　　+8 = 0000 1000
　　　-8인 경우 1의 보수
　　　　　-8 = 1111 0111
　　　-8인 경우 2의 보수
　　　　　-8 = 1111 1000

2.2 실수

실수는 1.23과 같이 소수점이 있는 수이며 컴퓨터의 종류에 따라 실수(real floating point number)표현은 조금씩 차이가 있지만 80x86은 IEEE-754 10.0의 실수규정에 의하여 표현되며 32비트 크기로 실수를 컴퓨터 내부에 표현할 경우 부호에 1비트, 지수부에 8비트, 가수부에 23비트를 할당하여 표현한다.

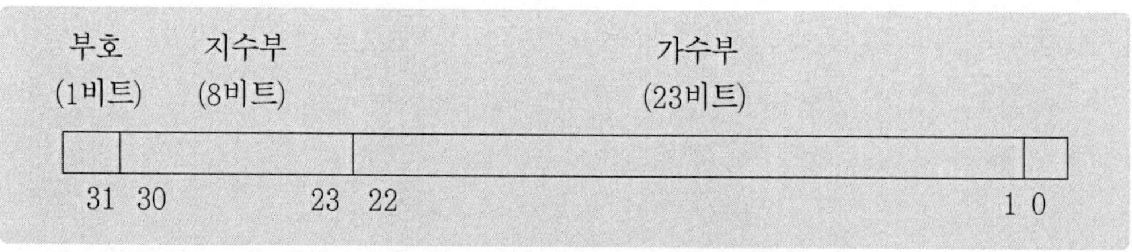

여기서 부호는 1비트이며 실수의 전체 부호이며 1.2 또는 −3.4에서 양수 또는 음수의 부호를 의미한다. 지수부는 8비트이며 10^3 또는 10^{-4}의 지수 3과 −4를 표현하기 위함이며 지수의 크기를 의미한다. 가수부는 실수의 부호와 지수를 제외한 크기가 된다.

$$1234.5 = 0.12345 * 10^4$$

실수 1234.5를 컴퓨터 종류마다 조금의 차이는 있지만 10진수로 표현하자면 $0.12345 * 10^4$이 된다. 여기서 전체부호는 양수이므로 부호는 0이 되고 10^4의 지수부분 4는 지수부에서 표현하고 소수점 이하의 12345는 가수부에 표현이 된다.

실제컴퓨터에서는 10진수 1234.5가 2진수로 변환이 되어 처리가 된다.

위 설명은 32비트로 표현하는 단정도(single precision)이며 배정도(double precision)인 경우는 64비트로 실수로 표현하고 부호에 1비트, 지수부 11비트, 가수부에 52비트로 표현하며 단정도보다 배정도수의 표현이 가수부가 52비트 이므로 정밀하게 표현 할 수 있다.

3. ✳ 1~100 숫자

1	2	3	4	5	6	7	8	9	10
11	12	13	14	15	16	17	18	19	20
21	22	23	24	25	26	27	28	29	30
31	32	33	34	35	36	37	38	39	40
41	42	43	44	45	46	47	48	49	50
51	52	53	54	55	56	57	58	59	60
61	62	63	64	65	66	67	68	69	70
71	72	73	74	75	76	77	78	79	80
81	82	83	84	85	86	87	88	89	90
91	92	93	94	95	96	97	98	99	100

4.1 수의 진법

수를 표현하는 방법은 여러 가지가 있지만 이장에서는 2진법, 8진법, 10진법, 16진법의
표현방법과 상호 변환관계에 대하여 설명한다.

컴퓨터 내부는 2진법으로 동작된다.

$$
\text{2진수} \quad 0100\ 1000y = 48h(\text{16진수})
$$
$$
\qquad\qquad\qquad \uparrow \qquad\ \ \uparrow
$$
$$
\qquad\qquad\qquad \text{MSB} \quad\ \ \text{LSB}
$$

컴퓨터에서 정보를 표현하는 최소단위를 비트(bit, binary digit)라고 하며 이는 2진수
에서 한 자리로 표현된다. 즉 0, 1만을 표현할 수 있다. 2진수에서 길이가 4비트이면 니블
(nibble), 길이가 8비트이면 바이트(byte)라고 하고, 제일 왼쪽 비트를 MSB(most
significant bit), 제일 오른쪽 비트를 LSB(least significant bit)라 한다.

2진수에서 비트가 많으면 정보를 표현하기 불편하므로 8진법, 16진법으로 표현해 읽기
쉽게 하지만 컴퓨터 내부에서 작동되는 것은 논리 0, 논리 1만 있을 뿐이다.

4.2 진법의 종류

우리가 사용하고 있는 일상생활의 10진법 수의 123.45을 생각하여 보자. 1자리를 디지
트(digit)라고 하고 0 ~ 9까지 10개의 숫자로 표현 할 수 있다.

$$
123.45 = 1*10^2 + 2*10^1 + 3*10^0 + 4*10^{-1} + 5*10^{-2}
$$

여기서 1은 100자리이고 2는 10자리를 의미하므로 자리값(weight)이 있다는 의미가 된다.

진수	표시방법	사용되는 수
2진수	01001000b	0,1
	01001000y	0,1
8진수	123o, 123q	0, 1, 2, 3, 4, 5, 6, 7
16진수	12ABh	0~9, A, B, C, D, E, F

[부록. 그림 2] 진법의 표시기호

그림 2에서 2진법일 때 끝에 b(binay)또는 y, 8진법은 q(octal), 16진법은 h(hexa-decimal)를 뒤에 표시하여 표시된 수의 진법을 구별한다.

2진수를 표현하기 위해서는 0, 1이 필요하고 8진수는 0~7까지 8개 숫자를 이용한다. 16진수인 경우 16개 숫자가 필요하므로 0~9까지 10개 숫자와 A, B, C, D, E, F의 6개 문자를 이용하며 16진수를 표현하며 A=10, B=11, C=12, D=13, E=14, F=15를 의미한다. 그림 4.1에서 2진수는 01001000y, 8진수는 123q, 16진수는 12ABh의 예를 볼 수 있다.

그림 3은 0~16의 각 진수별 표현이 된다.

10진수 15는 2진수로 1111 이고 10진수 16은 2진수로 10000 이 된다.
10진수 7는 8진수로   7 이고 10진수 8은 8진수로   10 이 된다.
10진수 15는 8진수로   17 이고 10진수 16은 8진수로   20 이 된다.
10진수 15는 16진수로   F 이고 10진수 16은 16진수로   10 이 된다.

10진수	2진수	8진수	16진수
0	0000	0	0
1	0001	1	1
2	0010	2	2
3	0011	3	3
4	0100	4	4
5	0101	5	5
6	0110	6	6
7	0111	7	7
8	1000	10	8
9	1001	11	9
10	1010	12	A
11	1011	13	B
12	1100	14	C
13	1101	15	D
14	1110	16	E
15	1111	17	F
16	10000	20	10

[부록. 그림 3] 0~16의 각 진수별 표현

2진수 1001은 10진수로 얼마일까?

$$2^3 \quad 2^2 \quad 2^1 \quad 2^0$$
$$1 \quad 0 \quad 0 \quad 1 = 1 * 2^3 + 0 * 2^2 + 0 * 2^1 + 1 * 2^0$$
$$= 8 \quad + 0 \quad + 0 \quad + 1 = 9$$

2진수의 자리값은 2^3, 2^2, 2^1, 2^0 으로 각각 8, 4, 2, 1 이 된다.

4.3 진법 변환

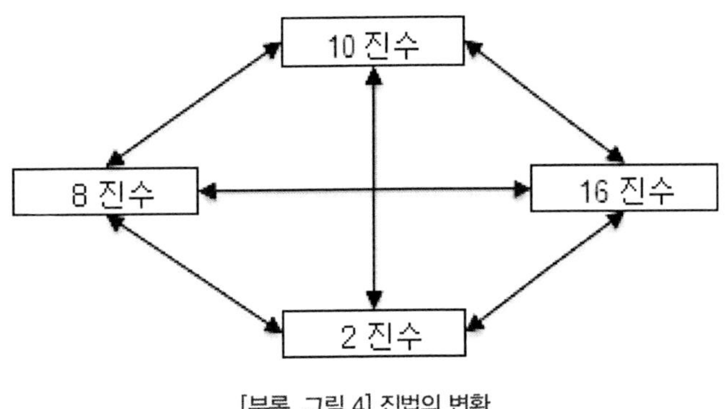

[부록. 그림 4] 진법의 변환

그림 4에서 일상생활에 사용되는 수를 10진수를 컴퓨터 내부에서 동작되는 2진수로 변환이 필요하고 컴퓨터에서 2진수로 표현된 결과를 알아보기 쉽게 8진수, 10진수, 16진수으로 변경되는 과정이 필요하다.

■ 10진수를 2진수, 16진수로 변환

• 10진수를 2진수로 변환
10진수 24.5를 2진수로 변환하며 보자

소숫점을 중심으로 24는 2로 나누면 몫이 12이고 나머지는 0이 된다. 몫 12를 2로 다시 나누며 몫이 6이고 나머지는 0이 되며 몫을 2로 계속 나누어 몫과 나머지를 구하며 몫이 0이 될 때 까지 계속한다. 최종 나머지를 시작으로 나머지를 모두 읽으면 11000이 된다. 소수점 아래의 수 0.5는 2를 곱하면 1.0이 되며 소숫점 이하의 수가 0이면 종료를 한다.

```
24 / 2 =12   0 (=LSB)
12 / 2 = 6   0
 6 / 3 = 3   0
 3 / 2 = 1   1
 1 / 2 = 0   1 (=MSB)

0.5 * 2 = 1  0
```

10진수 24.5의 2진수는 (1 1 0 0 0 . 1)$_2$ 된다.

- **10진수를 16진수로 변환**

  10진수 26.625를 16진수로 변환하며 보자.

  16진수로 변환은 2진수로 변환과 동일한 방법이며 소숫점이상은 16으로 나누고 소숫점 이하는 16으로 곱하면 가능하다.

```
26 / 16 = 1  10
 1 / 16 = 0   1

0.625 * 16 = 10  0
```

10진수 26.625의 16진수는 (1 A. A)$_{16}$가 된다.

[문제] 10진수 255를 2진수, 16진수로 변환하라.

■ 10진수로 변환

구성된 수를 각 디지트에 자리값(weight)을 곱하여 더하면 된다.

- **2진수를 10진수로 변환**

  2진수 11000.1을 10진수로 변환하며 보자.

  2진수 이므로 자리값은 2가 되므로 소수점을 중심으로 소수점 이상의 수는 2^4, 2^3, 2^2, 2^1, 2^0의 자리값이 되며 소수점이하는 2^{-1}이 된다.

$$1*2^4 +1*2^3 +0*2^2 +0*2^1 +0*2^0 +1*2^{-1} = 24.5$$

- **16진수를 10진수로 변환**

  16진수 1A.A를 10진수로 변환하며 보자.

  16진수이므로 자리값은 16이 되며 소수점을 중심으로 소수점 이상의 수는 16^1, 16^0의 자리값이 되며 소수점 이하는 16^{-1}이 된다. 16진수 A는 10진수 10이다.

$$1*16^1 +10*16^0 +10*16^{-1} = 26.625$$

■ 8진수, 2진수 상호변환

$8=2^3$ 이므로 8진수 1디지트는 2진수 3비트와 같다.

- **12.3을 2진수로 변환**

$$12.3=001\ 010.\ 011 = 1010.011$$

- 2진수 1010.011을 8진수로 변환

$$1\ 010.\ 011 = 12.3$$

■ 16진수, 2진수 상호변환

$16 = 2^2$ 이므로 16진수 1디지트는 2진수 4비트와 같다.

- 16진수 FF.E를 2진수로 변환

$$FF.E = 1111\ 1111.1110$$

- 2진수 1000 1100.111 을 16진수 변환

$$1000\ 1100.1110 = 8C.E$$

여기서 소숫점을 중심으로 4비트씩 만들기 위하여 2진수 끝에 0을 1개 추가 하였다.

5. ❄ 참고문헌

1. 홍영식 외. 자료구조. 정익사. 1982.
2. 우성미. Visual Basic 6 with a Workbook. 이한출판사. 2007.
3. 조광문 외. 새내기 C프로그래머를 위한 순서도 작성. 정익사. 2007.
4. 홍의경 외. 순서도를 활용한 프로그래밍 원리와 실습. 생능출판사. 2008.
5. 김충석. 프로그램 원리와 이해 실습중심. 이한출판사. 2010.
6. 김명주 외. 정보처리기능사 실기 기본서. 영진닷컴. 2010.
7. 이현곤 외. 엑셀 VBA 바이블. 프리렉. 2010.

| 저자약력 |

김득수(金得洙)

경 력

현 대구공업대학 디지털전자정보계열 교수
삼성정밀(현 삼성테크윈) 연구소 연구원
한국기계연구원 자동제어실 연구원
지방기능경기대회 컴퓨터제어직종 심사위원(2009년, 2010년)

주요저서

마이크로프로세서의 이해(1). 형설출판사.
마이크로프로세서 실습(1). 형설출판사.
PC 어셈블리언어의 이해. 형설출판사.
1~100을 이용한 알고리즘의 이해(1) - Visual Basic 편. 21세기사.
1~100을 이용한 알고리즘의 이해(2) - C 언어 편. 21세기사.

연구분야

임베디드시스템 응용
음성 분석

1~100을 이용한 알고리즘의 이해(1) –Visual Basic 6.0 편

1판 1쇄 발행 2011년 01월 25일
1판 2쇄 발행 2012년 03월 05일
저　　　자 김득수
발 행 인 이범만
발 행 처 **21세기사** (제406-00015호)

경기도 파주시 산남동 283-10 (413-130)
Tel. 031-942-7861　　　Fax. 031-942-7864
E-mail : 21cbook@naver.com
Home-page : www.21cbook.co.kr
ISBN 978-89-8468-381-5

정가 14,000원